Laser in der Materialbearbeitung
Forschungsberichte des IFSW

M. Kern
Gas- und magnetofluiddynamische
Maßnahmen zur Beeinflussung
der Nahtqualität beim Laserstrahlschweißen

Laser in der Materialbearbeitung
Forschungsberichte des IFSW

Herausgegeben von
Prof. Dr.-Ing. habil. Helmut Hügel, Universität Stuttgart
Institut für Strahlwerkzeuge (IFSW)

Das Strahlwerkzeug Laser gewinnt zunehmende Bedeutung für die industrielle Fertigung. Einhergehend mit seiner Akzeptanz und Verbreitungwachsen die Anforderungen bezüglich Effizienz und Qualität an die Geräte selbst wie auch an die Bearbeitungsprozesse. Gleichzeitig werden immer neue Anwendungsfelder erschlossen. In diesem Zusammenhang auftretende wissenschaftliche und technische Problemstellungen können nur in partnerschaftlicher Zusammenarbeit zwischen Industrie und Forschungsinstituten bewältigt werden.

Das 1986 begründete Institut für Strahlwerkzeuge der Universität Stuttgart (IFSW) beschäftigt sich unter verschiedenen Aspekten und in vielfältiger Form mit dem Laser als einer Werkzeugmaschine. Wesentliche Schwerpunkte bilden die Weiterentwicklung von Strahlquellen, optischen Elementen zur Strahlführung und Strahlformung, Komponenten zur Prozeßdurchführung und die Optimierung der Bearbeitungsverfahren. Die Arbeiten umfassen den Bereich von physikalischen Grundlagen über anwendungsorientierte Aufgabenstellungen bis hin zu praxisnaher Auftragsforschung.

Die Buchreihe „Laser in der Materialbearbeitung – Forschungsberichte des IFSW" soll einen in Industrie wie in Forschungsinstituten tätigen Interessentenkreis über abgeschlossene Forschungsarbeiten, Themenschwerpunkte und Dissertationen informieren. Studenten soll die Möglichkeit der Wissensvertiefung gegeben werden. Die Reihe ist auch offen für Arbeiten, die außerhalb des IFSW, jedoch im Rahmen von gemeinsamen Aktivitäten entstanden sind.

Gas- und magnetofluiddynamische Maßnahmen zur Beeinflussung der Nahtqualität beim Laserstrahlschweißen

Von Dr.-Ing. Markus Kern
Universität Stuttgart

B. G. Teubner Stuttgart · Leipzig 1999

D 93

Als Dissertation genehmigt von der Fakultät für Konstruktions- und Fertigungstechnik der Universität Stuttgart

Hauptberichter: Prof. Dr.-Ing. habil. Helmut Hügel
Mitberichter: Prof. Dr. rer. nat. habil. Hartmut Zohm

Die Deutsche Bibliothek – CIP-Einheitsaufnahme

Kern, Markus:
Gas- und magnetofluiddynamische Maßnahmen zur
Beeinflussung der Nahtqualität beim Laserstrahlschweißen/
von Markus Kern. – Stuttgart ; Leipzig : Teubner, 1999
  (Laser in der Materialbearbeitung)
  Zugl.: Stuttgart, Univ., Diss.
  ISBN 978-3-519-06247-9   ISBN 978-3-322-94035-3 (eBook)
  DOI 10.1007/978-3-322-94035-3

Kurzfassung

Inhalt dieser Arbeit ist die Untersuchung der strömungstechnischen Aspekte des Laserstrahlschweißprozesses und der Möglichkeiten zur prozeßoptimierenden Beeinflussung der Schutzgas- und Schmelzbadströmung beim Laserstrahlschweißen.

Ausgehend von der Problemstellung, daß die Art der Schutzgaszuführung in der Praxis des Laserstrahlschweißens nicht selten die unterschätzte Ursache minderer Prozeßqualitäten ist, werden die Strömungsverhältnisse in der Wechselwirkungszone untersucht und diskutiert. Ergebnis dieser Untersuchungen sind Empfehlungen zur geeigneten Form der Schutzgaszuführung – gekoppelt mit einem besonderen Querjetkonzept, das, anders als die bislang allgemein gebräuchlichen Konzepte, die Absaugung der Schutzgase von der Schweißstelle vermeidet.

Wesentlicher Bestandteil dieser Arbeit ist die Nutzung von magnetofluiddynamischen Mechanismen beim Laserstrahlschweißen, mit dem Effekt, die Strömungsverhältnisse im Schmelzbad derart verändern zu können, daß diese stabilisiert werden und höhere Schweißgeschwindigkeiten zu erzielen sind. Mit quantitativen Abschätzungen der magnetofluiddynamischen Beeinflussung der Schmelzbadströmung sowie durch experimentelle Untersuchungen wird gezeigt, in welcher Weise diese Mechanismen beim Laserstrahlschweißen wirkungsvoll einzusetzen sind. Im einzelnen wird bestätigt, daß durch das in diesem Zusammenhang entwickelte "magnetisch gestützte Laserstrahlschweißen" (MGL) das Humping unterdrückt, die Oberraupenqualität verbessert, die Form der Nahtquerschnitte in weiten Grenzen verändert, die Spritzertätigkeit reduziert, die Fluktuationen der Plasmafackel gedämpft und letztlich die Prozeßstabilität erhöht werden kann.

Auffallend an den dazu durchgeführten Versuchen ist, daß das beobachtete Prozeßverhalten abhängig vom Vorzeichen des zugeschalteten Magnetfelds ist. Eine in diesem Zusammenhang aufgestellte Hypothese über einen in der Schmelze fließenden elektrischen Nettostrom kann in dazu durchgeführten Untersuchungen bestätigt werden. Demnach wird während des originären Laserstrahlschweißens (d.h. ohne Magnetfeld) in der Schmelze ein elektrischer Strom erzeugt. Ursache dieses elektrischen Stroms sind Thermospannungen zwischen Schweißgefüge und Schmelzgut einerseits sowie zwischen Grundmaterial und Schmelzgut andererseits.

Damit wird in dieser Arbeit ein bislang im Zusammenhang mit dem Laserstrahlschweißen unbekannter Wechselwirkungsmechanismus identifiziert und nachgewiesen: die Erzeugung thermoelektrischer Ströme beim Laserstrahlschweißen. Anwendung findet dieser Wechselwirkungsmechanismus in einer neuen Verfahrensvariante, dem magnetisch gestützten Laserstrahlschweißen.

Inhaltsverzeichnis

Verwendete Symbole und Einheiten

Symbol	Bedeutung	Einheit
A	Absorptionsgrad	1
$\mathbf{B}$	Vektor der magnetischen Induktion oder Feldstärke	Vs/m^2
B_0	Betrag der magnetischen Induktion oder Feldstärke	Vs/m^2
B_x	magnetische Feldstärke der Komponente x	Vs/m^2
c_p	spezifische Wärmekapazität	$J/(kg\ K)$
d_i	Durchmesser Schutzgasdüse (innen)	m
d_f	Fokusdurchmesser	m
$\mathbf{E}$	Vektor der elektrischen Feldstärke	V/m
e^-	elektrische Elementarladung	$1{,}602189 \cdot 10^{-19}$ As
f	Brennweite	m
g	Gasart	
g_w	Gegenstandsweite	m
h	Enthalpie	J/kg
H_a	Hartmann-Zahl	1
I	Intensität	W/m^2
I_s	Stromstärke	A
$\mathbf{j}$	Vektor der elektrischen Stromdichte	A/m^2
k	Boltzmann-Konstante	$1{,}38066\ 10^{-23}\ J/K$
l_c	charakteristische Länge	m
m_e	Ruhemasse des Elektrons	$9{,}10939\ 10^{-31}\ kg$
m_q	Ruhemasse des Ladungsträgers q	kg
N_L	Loschmidtsche Zahl	$2{,}6868\ 10^{25}\ 1/m^2$
N_S	Stuart-Zahl	1
n_0	Neutralteilchendichte	m^{-3}
n_e	Teilchendichte der Elektronen	m^{-3}
n_g	Teilchendichte des Gases	m^{-3}
n_i	Teilchendichte der Ionen	m^{-3}
Pe	Péclet-Zahl	1
P_L	Laserleistung	W
p	hydrostatischer Druck	N/m^2
p_0	Absolutdruck	N/m^2
q	Ladung	As
r_B	radialer Abstand der örtlichen magnetischen Induktion	m
r_L	Larmorradius	m
Re	Reynoldszahl (allgemein)	1
Re_g	Reynoldszahl der Gasart g	1
r_D	Krümmungsradius des Metalldampfstroms	m
s_M	Materialdicke	m
s_i	Signalspannung der Spule	V

t	Zeit	s
T	Temperatur	K
T_e	Elektronentemperatur	K
T_g	Gastemperatur	K
t_H	Zeit, in der Laser den Hall-Sensor passiert	s
T_L	Liquidustemperatur	K
t_S	Schweißdauer	s
T_S	Solidustemperatur	K
t_{SP}	Zeit, in der der Laserstrahl die Spule passiert	s
T_V	Verdampfungstemperatur	K
u	Strömungsgeschwindigkeit in x-Richtung	m/s
U_s	Signalspannung	V
$\mathbf{v}$	Vektor der Geschwindigkeit (allgemein)	m/s
v	Strömungsgeschwindigkeit in y-Richtung	m/s
$\dot{V}$	Volumenstrom	m^3/s
$\bar{v}_D$	mittlere Geschwindigkeit des Metalldampfs	m/s
v_M	Vorschubgeschwindigkeit des Materials	m/s
v_s	Schweißgeschwindigkeit	m/s
w	Strömungsgeschwindigkeit in z-Richtung	m/s
w_0	nomineller Fokusradius	m
W_i	Ionisationsenergie	J
w_f	Fokusradius	m
x_a	Längenabstand	m
x_0	Länge des unvermischten Schutzgaskerns	m
z_f	Fokuslage	m
δ_0	Mischungswinkel	Grad
η_r	Realteil des komplexen Brechungsindex	1
η_i	Brechungsindex des Mediums i	1
η_d	dynamische Viskosität	kg/(ms)
λ	Wellenlänge der Laserstrahlung	m
λ_D	Debye-Länge	m
λ_w	Wärmeleitfähigkeit	W/(m K)
μ_0	magnetische Feldkonstante	$4\pi \cdot 10^{-7}$ Vs/(Am)
ν_{kg}	kinematische Viskosität der Gasart g	m^2/s
π	Ludolphsche Zahl	3,141592654
ρ_{fl}	Dichte des Fluids	kg/m^3
σ_l	elektrische Leitfähigkeit	A/(V m)
σ	Oberflächenspannung	N/m
σ_S	Oberflächenspannung bei Solidustemperatur	N/m
σ_V	Oberflächenspannung bei Verdampfungstemperatur	N/m

1 Einleitung

Das Laserstrahlschweißen zählt heute zu den modernsten Verfahren der Fügetechnik. Mit der Realisierung des ersten Laborlasers [1] fiel 1960 der Startschuß zur Entwicklung der zum Schweißen benötigten Laserstrahlquellen. Seit damals wurden immer leistungsfähigere und zuverlässigere Strahlquellen entwickelt, so daß heute für den industriellen Einsatz Laser mit Strahlleistungen bis zu 40 kW (CO_2-Laser) verfügbar sind. Inzwischen werden per annum weltweit etwa 8000 neue Lasersysteme für die Materialbearbeitung installiert [2].

Diese Nachfrage nach Laseranlagen und der Nutzen dieser Anlagen ist aber nicht nur das Verdienst der Entwicklung besserer Strahlquellen, sondern vor allem der seit den 70er Jahren parallel dazu entwickelten und verfeinerten Verfahren der Lasermaterialbearbeitung. Das Laserstrahlschweißen ist nur eine von vielen innovativen Einsatzmöglichkeiten des Strahlwerkzeugs Laser. Trennen (Schneiden), Bohren, Beschichten, Abtragen und Härten etc. mit Laserstrahlung sind Fertigungsverfahren, die längst in der industriellen Serienproduktion fest etabliert sind [3].

Kennzeichnend für das Laserstrahlschweißen sind die damit zu erzielenden Einschweißtiefen bei gleichzeitig geringen Schweißnahtbreiten (Tiefe/Breite bis ca. 6:1). Das Laserstrahlschweißen steht damit in direkter Konkurrenz zum Elektronenstrahlschweißen, bei dem dieser "Tiefschweißeffekt" schon 1958 entdeckt wurde und das angefangen von der Feinwerktechnik bis hin zum Maschinenbau mit tonnenschweren Werkstücken Anwendung findet [4]. Es ist auch gerade das Elektronenstrahlschweißen, das zunehmend durch das Laserstrahlschweissen substituiert und zur Nischenanwendung verdrängt wird.

Ein Vorteil des Schweißens mit Laserstrahlung ist, daß der Laserstrahl nicht wie der Elektronenstrahl durch den Restmagnetismus ferromagnetischer Werkstoffe abgelenkt und somit die Energieeinkopplung gestört wird. Der ganz entscheidende Vorteil besteht aber darin, daß mit Laserstrahlung auch unter Atmosphärenbedingungen geschweißt werden kann [1]. Einschweißtiefen von bis zu 300 mm mit 300 kW Strahlleistung werden jedoch auch noch in Zukunft das Terrain des Elektronenstrahlschweißens bleiben, da bei den dabei erreichten Leistungsdichten auch das Laserstrahlschweißen im Vakuum stattfinden müßte. Die Beeinflussung der Energieeinkopplung unter Atmosphärenbedingungen würde derartige Einschweißtiefen auch beim Laserstrahlschweißen verhindern.

---

[1] Eine Abwandlung des Elektronenstrahl-Schweißverfahrens zum Schweißen unter Atmosphärendruck ist bekannt [7]. Der Schlankheitsgrad dieser Nähte wird jedoch durch den Laserstrahlschweißprozeß um ein Mehrfaches übertroffen.

1.1   Phänomenologie des Laserstrahlschweißens

Die Voraussetzung für den Tiefschweißeffekt beim Strahlschweißen ist, daß sich die Strahlen derart "konzentrieren" lassen, daß am Auftreffpunkt Leistungsdichten von mehr als 10^6 W/cm^2 erreicht werden. Diese Konzentration der Laserstrahlenergie basiert auf der guten Fokussierbarkeit des monochromatischen und kohärenten Laserlichts [5]. Durch diese hohen Energiedichten wird das absorbierende Metall nicht nur aufgeschmolzen, sondern auch unmittelbar in der Wechselwirkungszone verdampft. Dabei erreicht der Metalldampf derart hohe Verdampfungsraten, daß der von ihm auf die Schmelze ausgeübte Rückstoßdruck einen Dampfkanal in das Material "bohrt", vgl. Bild 1. Dieser Dampfkanal wird im allgemeinen als Dampfkapillare bezeichnet und ist die Ursache dafür, daß beim Tiefschweißeffekt mehr als

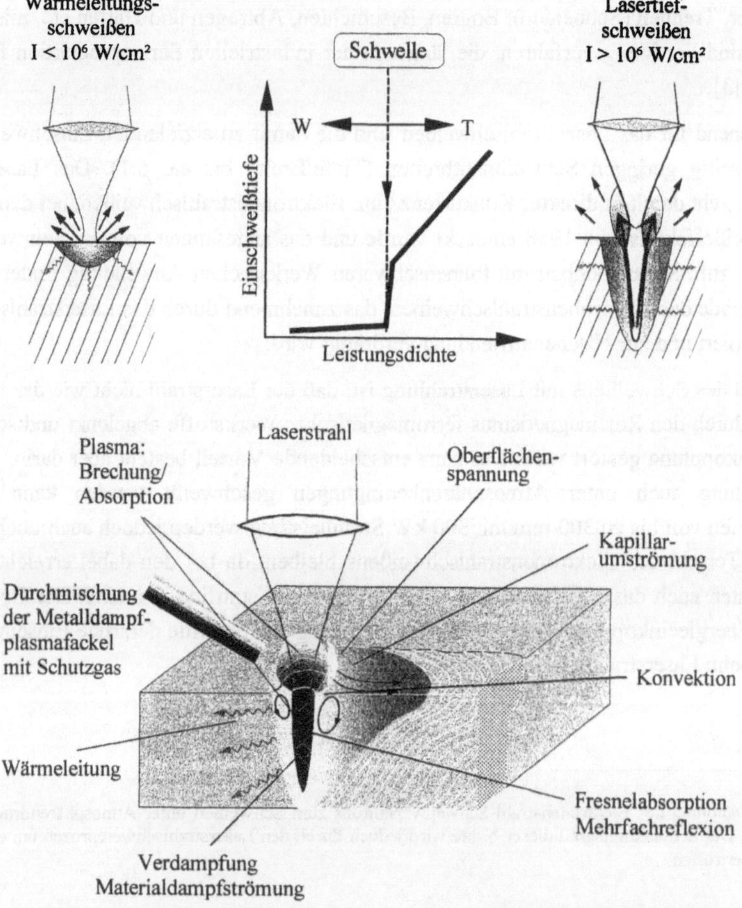

Bild 1:   Prinzip des Laserstrahlschweißens: Infolge der hohen Energiedichten des fokusierten Laserstrahls wird eine Dampfkapillare erzeugt, in der mehr als 90 % der Laserstrahlenergie eingekoppelt werden kann und durch die besonders schlanke Schweißnähte erzielt werden.

90 % der Laserstrahlenergie in das Werkstück eingekoppelt werden. Reicht die Leistungsdichte zur Ausbildung der Kapillare jedoch nicht aus, d.h. die Schwelle zum Tiefschweißen wird nicht überschritten, so kommt es zu den für das Wärmeleitungsschweißen typischen flachen Nähten und der größte Teil der Laserleistung wird reflektiert [6].

Erzwungen durch die Relativbewegung von Werkstück und Laserstrahl, "zieht" sich die Kapillare entlang der Schweißbahn durch das Material. Infolge der großen Energiedichten wird der aus der Kapillare strömende und mit Schutzgas versetzte Metalldampf ionisiert, und es entsteht eine Plasmafackel über der Kapillaren, die die Einkopplung der Laserstrahlleistung nicht unwesentlich durch Brechung und Absorption des Laserlichts stören kann.

Mit dem Ziel, die Wechselwirkungsmechanismen beim Laserstrahlschweißen zu identifizieren und die Prozeßzusammenhänge beherrschen zu können, ist das dazu notwendige Prozeßverständnis in zahlreichen Forschungsarbeiten sukzessive erarbeitet worden. Einen grundlegenden Überblick über das dabei erlangte Prozeßverständnis gibt einschlägige Literatur wie [8, 9, 10] und beispielsweise die erst vor kurzem im Rahmen des Schwerpunktprogramms der Deutschen Forschungsgemeinschaft (DFG) "Strahl-Stoff-Wechselwirkung bei der Lasermaterialbearbeitung" erschienenen Bände [11, 12]. In verschiedenen Arbeiten entstanden Prozeßmodelle, für die hier exemplarisch nur [10, 13-16] genannt sind, auf deren Basis man heute in der Lage ist, den Schweißprozeß und dessen Bearbeitungsergebnis in guter Näherung berechnen bzw. simulieren zu können.

Die Schwierigkeit in der Beschreibung des Laserstrahlschweißens besteht darin, daß man dabei alle vier Aggregatzustände der Materie zu berücksichtigen hat: den festen, flüssigen und den gasförmigen Zustand sowie das Plasma als vierten "Aggregatzustand" der Materie. Eine vollständige simulationstechnische Nachbildung des Laserstrahlschweißens mit all seinen heute bekannten Wechselwirkungsmechanismen ist bislang nicht möglich und wird auch noch für die nächsten Jahre eine Herausforderung bleiben. Um einzelne fertigungsrelevante und prozeßbestimmende Einflußgrößen abschätzen zu können, ist ein derartiger Ansatz aber auch nicht notwendig.

Wenn es allerdings darum geht, die absoluten Prozeßgrenzen zu ermitteln oder wenn möglich zu verschieben, ist ein detaillierteres Verständnis einzelner Wechselwirkungsmechanismen erforderlich. Eine ganz besondere Rolle spielen dabei die Strömungsverhältnisse beim Laserstrahlschweißen – und dies gleich in zweierlei Hinsicht. Zum einen beeinflussen die Strömungsverhältnisse des zum Schweißen zugeführten Schutzgases ganz wesentlich die Effizienz der Energieeinkopplung und sind ausschlaggebend für die Prozeßstabilität. Zum anderen wird die Prozeßstabilität aber auch maßgeblich von den Strömungsverhältnissen des aufgeschmolzenen Materials bestimmt.

1.2 Zielsetzung und Aufbau der Arbeit

In Hinblick auf die strömungsbedingten Prozeßinstabilitäten beim Laserstrahlschweißen ist es Ziel dieser Arbeit, Maßnahmen aufzuzeigen, durch die solche Instabilitäten zu reduzieren und mittels derer existierende Prozeßgrenzen zu überwinden sind.

Inhalt dieser Arbeit ist deshalb die Untersuchung der strömungstechnischen Aspekte des Laserstrahlschweißprozesses und der Möglichkeiten zur prozeßoptimierenden Beeinflussung der Schutzgas- und Schmelzbadströmung. Wesentlicher Bestandteil ist dabei die Anwendung magnetofluiddynamischer Mechanismen (MFM), mit der Möglichkeit, die Strömungsverhältnisse im Schmelzbad derart verändern zu können, daß diese stabilisiert werden und höhere Schweißgeschwindigkeiten zu erzielen sind.

Die vorstehend beschriebene Problemstellung und Zielsetzung der Arbeit gliedert sich in vier größere Arbeitspakete, die demzufolge auch der Gegenstand der vier Hauptkapitel dieser Arbeit sind. Beginnend mit der Darstellung der Bedeutung der Schutzgase beim Schweißen im allgemeinen und der Rolle des Schutzgases beim Laserstrahlschweißen im besonderen, werden in Kapitel 2 die Strömungsverhältnisse der Schutzgaszufuhr und deren Auswirkungen auf die Prozeßstabilität und Schweißnahtqualität diskutiert.

Ausgehend von der Tatsache, daß die zur Unterstützung der Energieeinkopplung beim Laserstrahlschweißen zugeführten Schutzgase auch die Strömungsverhältnisse im Schmelzbad beeinflussen können, werden im zweiten Arbeitspaket (Kapitel 3) die Strömungscharakteristiken der Schmelzbadströmung simuliert und diskutiert.

Mit dem Ergebnis, daß es im Schmelzbad lokal zu derart hohen Strömungsgeschwindigkeiten kommen kann, daß dadurch die Prozeßstabilität und letztlich auch die Schweißnahtqualität reduziert wird, werden im dritten Arbeitspaket (Kapitel 4) magnetofluiddynamische Mechanismen vorgestellt und deren Anwendbarkeit beim Laserstrahlschweißen abgeschätzt.

Ausgehend von den Abschätzungen des dritten Arbeitspaketes, die zu dem Schluß führen, daß die MFM beim Laserstrahlschweißen prozeßstabilisierend wirken, wird im vierten Arbeitspaket (Kapitel 5) deren experimentelle Umsetzung beschrieben. Ausgelöst durch die empirische Beobachtung, daß die Ausnutzung der MFM beim Laserstrahlschweißen zu Erscheinungen führt, die nicht allein durch eine Selbstinduktion im Fluid zu erklären sind, konnte experimentell nachgewiesen werden, daß es beim Laserstrahlschweißen zu einem bislang unbeachteten Effekt kommt, der bei der Ausnutzung der MFM von wesentlicher Bedeutung ist.

Die einzelnen Kapitel der Arbeitsblöcke sind dabei so aufgebaut, daß in einer Kapitelübersicht die Inhalte und der dazu benötigte Hintergrund einleitend erklärt sind. Am Ende eines jeden Kapitels gibt eine Zusammenfassung rückblickend die wesentlichen Ergebnisse des Kapitels wieder. Der Stand der Technik bzw. der Forschung ist jeweils in Zusammenhang mit den einzelnen Themenstellungen erörtert. Zugunsten der angeführten Inhalte ist in dieser Arbeit auf Ausführungen zu Grundlagen der Laserstrahlquellen, Laserstrahlpropagation und Anlagentechnik verzichtet – wenn notwendig, wird im Einzelfall kurz darauf eingegangen und auf einschlägige Literatur verwiesen.

2 Wirkung des Schutzgases beim Laserstrahlschweißen

2.1 Kapitelübersicht

Das Schutzgas hat beim Laserstrahlschweißen zunächst genauso wie bei konventionellen Schmelzschweißverfahren die Aufgabe, Reaktionen der Schmelze mit der umgebenden Atmosphäre zu verhindern oder Reaktionen zwischen Schmelze und Schutzgas zu forcieren.

Beim Laserstrahlschweißen kommt dem Schutzgas jedoch noch eine weitere, für den Schweißprozeß essentielle Rolle zu. Einschlägige Arbeiten zu dieser Problematik zeigen, daß das zugeführte Schutzgas dabei nicht nur metallurgischen Gesichtspunkten gerecht werden muß, sondern daß es vor allem beim Schweißen mit CO_2-Laserstrahlung die Energieeinkopplung in die Wechselwirkungszone unterstützen muß. Gegenstand dieser Arbeiten waren die physikalischen und chemischen Mechanismen der Wechselwirkung des laserinduzierten Metalldampf-/Schutzgasplasmas mit dem fokussierten Laserstrahl bzw. der Reaktionen des Schutzgases mit der Schmelze.

Die Frage nach der effektiven Wirksamkeit des zugeführten Schutzgases hat jedoch noch einen weiteren Aspekt: die Problematik der strömungstechnisch effizienten Zufuhr des geeigneten Schutzgases. Die Art und Weise der Zuführung ist meist auf Basis individueller, empirischer Erfahrungen entstanden, d.h. die Form und Positionierung der gewählten Schutzgasdüse sowie der Strömungszustand des ausströmenden Schutzgases sind an den spezifischen Anwendungsfall angepaßte Kompromisse, die nicht selten die unterschätzte Ursache minderer Prozeßqualitäten sind. Oft verschärft noch ein zum Schutz der optischen Systemkomponenten eingesetzter Gasstrom (Querjet) unbeabsichtigt diese Problemstellung und stört die Schutzgaszuführung empfindlich.

In den nachfolgenden Abschnitten dieses Kapitels sind deshalb die grundlegenden Strömungscharakteristiken im Bereich der Wechselwirkungszone der am häufigsten eingesetzten Schutzgasdüsen skizziert. Darüber hinaus ist ein Querjetkonzept vorgestellt, das nicht nur einen wirksamen Schutz der optischen Komponenten vor Schweißspritzern bietet, sondern sicherstellt, daß der Schutzgasstrom ungestört die Wechselwirkungszone erreicht.

Einleitend geben die nächsten beiden Abschnitte einen kurzen Überblick über die Bedeutung des Schutzgases beim Schmelzschweißen im allgemeinen und danach des Schutzgases beim Laserstrahlschweißen im besonderen.

2.2 Bedeutung der Schutzgase beim Schmelzschweißen im allgemeinen

Der beim Schmelzschweißen an die Schweißstelle zugeführte Gasstrom hat den Zweck, das Schmelzbad und seine Randbereiche gegen die Umgebungsluft abzuschirmen und eine definierte Schutzgasatmosphäre zu schaffen. Gleichzeitig nehmen die Schutzgase (ihrer Zusammensetzung entsprechend) unterschiedlichen Einfluß auf

- das Entgasungsverhalten des Schmelzbades,

- die Einbrandgestaltung,

- die chemische Zusammensetzung des Schweißgutes,

- die Viskosität der Schmelze und

- das Benetzungsverhalten [17].

Ausschlaggebend für das Schweißverhalten der Schutzgase sind deren thermophysikalische und chemische Eigenschaften, wie z.B. die Wärmeleitfähigkeit und die Wärmekapazität sowie die Dissoziations- und Ionisationsenergie.

Man unterscheidet zwei Gruppen von Schutzgasen, die Inertgase (chemisch inaktiv) und die chemisch aktiven Gase. Inerte Gase gehen trotz der hohen Temperaturen keine chemische Reaktion mit der Schmelze ein – sie sind chemisch neutral. Aktivgase hingegen wirken in der Schmelze entweder reduzierend oder oxidierend. Einen Überblick über die vorwiegend eingesetzten Schutzgase gibt Tabelle 1, umfassend informiert darüber die DIN EN 439 "Schutzgase zum Schweißen" [18].

Gas	Dichte bei 15 °C und 1,013 bar in kg/m³	Relative Dichte zu Luft (= 1) bei 15 °C und 1 bar	Wärmeleitfähigkeit λ_w in 10^{-2} W / $(m \cdot K)$	Reaktions- verhalten beim Schweißen
Ar	1,669	1,37	1,6328	Inert
He	0,167	0,14	14,360	Inert
CO_2	1,849	1,4529	1,4235	Oxidierend
O_2	1,337	1,105	2,4283	Oxidierend
N_2	1,170	0,96	2,3864	Reaktionsträge
H_2	0,085	0,07	17,542	Reduzierend

Tabelle 1: Physikalische Eigenschaften und Reaktionsverhalten der Edelgase und chemisch aktiven Gase.

Aufgabe der Gase ist es primär, die Schweißstelle vor unkontrollierter Oxidation und Lösung von Sauerstoff in der Metallschmelze zu schützen. Sauerstoff im Metallgitter gelöst oder als nicht metallisches Oxid im Gefüge eingeschlossen,

- verändert die physikalischen Eigenschaften des Schmelzgutes. Mit zunehmendem Sauerstoffanteil wird die Festigkeit und Kerbschlagzähigkeit vermindert [19, 20].

Daneben wirkt Sauerstoff auf

- die Oberflächenspannung und Viskosität der Schmelze,

- das Entgasungsverhalten (Gasblasen werden in der Schmelze eingeschlossen – es bleiben Poren zurück) und die Schweißnahtform (neben der Viskosität wirkt auch die Oberflächenspannung durch den Marangoni-Effekt auf die Schmelzbadströmung).

- Ferner kommt es durch die exotherme Reaktion des Metalls mit Sauerstoff, meist auf Kosten von Legierungsanteilen, zu einem zusätzlichen Energieeintrag, der zu höheren Schweißgeschwindigkeiten und Einschweißtiefen führen kann.

- Darüber hinaus hemmt Sauerstoff im Schmelzbad die Aufnahme von Wasserstoff und fördert die Absorption von Stickstoff. In besonderen Fällen kann dadurch auch Poren- und Heißrißbildung vermieden werden [21].

Diese Aufzählung kann hier nicht vollständig sein, sie zeigt jedoch, daß Sauerstoff im Einzelfall durchaus für das Schweißgut oder die Prozeßführung von Vorteil sein kann. Infolge der hohen Temperaturen beim Schweißen muß dazu nicht unbedingt reiner Sauerstoff zugeführt werden. Dieser wird bei der Dissoziation von CO_2, H_2O-Dampf, Karbonaten oder Oxiden etc. abgeschieden. Der Einsatz von Inertgas schließt demnach beim Schweißen die Anwesenheit von Sauerstoff nicht aus. Ein Zusatz von 0,5 bis 2 % Sauerstoff zu Argon beispielsweise verringert die Oberflächenspannung der Metallschmelze und ergibt ein dünnflüssiges Schmelzbad. Beim Mehrlagenschweißen niedriglegierter Stähle erzielt man dadurch flache, glatte und kerbfreie Nähte [22]. Bei hochlegierten Stählen führt der Zusatz von Sauerstoff zum Abbrennen der Legierungselemente und wird deshalb nicht empfohlen.

Vor dem Hintergrund der metallurgischen Reaktionen, dem Einfluß der Schutzgase auf den Schweißprozeß sowie der daraus resultierenden Schweißguteigenschaften ist es offensichtlich, daß die Zusammensetzung des Schutzgases maßgeblich die technologischen Eigenschaften der Naht bestimmt und auf den jeweiligen Anwendungsfall besonders abzustimmen ist.

Die Möglichkeiten zur Beeinflussung des Schmelzschweißens durch Schutzgase sind vielfältig und werden häufig durch Zusätze (z.B. durch Desoxidationselemente C, Mn, Si, Ti, Al) ergänzt [19, 23]. Umfassend informiert darüber einschlägige Literatur [17].

Festzuhalten ist, daß je nach Material, Zusatzwerkstoff und Art des Energieeintrags (Flamme, Lichtbogen oder Laserstrahlung) verschiedene chemische Reaktionen zu berücksichtigen sind, die den Schweißprozeß und die technologischen Eigenschaften der Schweißnaht prägen. Infolge der unterschiedlichen Ionisationsenergien der Schutzgase und der elektrischen Leitfähigkeit der verschiedenen Schutzgasplasmen ist es einleuchtend, daß auch der Energieeintrag beim Lichtbogenschweißen durch das verwendete Schutzgas beeinflußt wird. Beim WIG-Schweißen beispielsweise ist das Zünden des Lichtbogens in Argon leichter als in Helium (die Ionisationsenergie von He ist 24,56 eV, die von Argon beträgt 15,8 eV).

Es sind aber nicht nur die Technologieaspekte und Prozeßanforderungen, die für die Auswahl eines geeigneten Schutzgases entscheidend sind, sondern zunehmend auch die Kosten für die effektiv benötigte Schutzgasmenge [24]. Im Vergleich zu Helium ist die gleiche Menge Argon um mindestens 60 % günstiger, und CO_2 bzw. N_2 verursachen nur ein Zehntel der

Schutzgaskosten. Je höher die produzierten Stückzahlen sind, desto stärker wiegt die Bedeutung des Schutzgaskostenanteils, und es wird immer häufiger geprüft, ob die technologischen Eigenschaften einer Naht, verschweißt beispielsweise mit günstigem CO_2 als Schutzgas, nicht doch ausreichend sind. Gashersteller bieten deshalb häufig Mischungen dieser Gase an und versprechen technologische, metallurgische und ökonomische Vorteile [25].

Eine detaillierte Versuchsreihe zu diesem Thema ist in [26] veröffentlicht. Es handelt sich dabei um eine der seltenen Untersuchungen, die bei dieser Problemstellung nicht nur verschiedene Zusammensetzungen des Schutzgases berücksichtigt, sondern auch die für die jeweilige Schutzgas-Zusammensetzung empfohlene Durchflußmenge angibt. So konnte darin gezeigt werden, daß beim Schweißen mit einem CO_2-Laser von niedriglegiertem Karosserieblech Helium durch Stickstoff bei angepaßter Durchflußmenge ersetzt werden kann und dadurch die Schutzgaskosten auf 10 % der Heliumkosten zu senken sind.

Kohlendioxid kann beispielsweise dann als kostensparende Schutzgasalternative eingesetzt werden, wenn das zu verschweißende Material genügend desoxidierende Legierungselemente beinhaltet [27].

In einer neueren Studie ist die Verwendung von N_2 als Schutzgas insbesondere beim Schweißen von Aluminiumlegierungen analysiert worden [29]. Als Ergebnis dieser Studie konnte erarbeitet werden, daß mit N_2 die Porosität des Schweißgefüges verringert wird. Die erzielten Einschweißtiefen übertreffen die der mit Helium geschützten Nähte.

Eine speziell für das Laserstrahlschweißen von Aluminium abgestimmte Schutzgasmischung ist in [30] patentrechtlich geschützt. Es wird berichtet, daß durch die Mischung von Argon, Helium und N_2 sowie N_2O das Schweißverhalten verbessert und es zu keinen metallurgisch nachteiligen Effekten kommt.

Mit der gleichen Zielsetzung, die Schutzgaskosten zu senken, wurden in [31, 32] beim Schweißen mit Nd:YAG-Strahlung von Baustahl, Tiefziehstahl und einem hochlegierten Stahl verschiedene Schutzgasmischungen nach DIN EN 439 getestet. Insgesamt zeigen die Ergebnisse, daß diese Schutzgasgemische (aus Ar, CO_2 und O_2) teure inerte Gase für bestimmte Anwendungsfälle ersetzen können. Hinsichtlich der Schweißgeschwindigkeit und Einschweißtiefe ermöglichen sie zum Teil erhebliche Verbesserungen gegenüber Reinstgasen. In Zug- und Biegeversuchen konnte bestätigt werden, daß bei allen drei Materialien die Zugfestigkeit, Streckgrenze und Verformbarkeit bei Biegebeanspruchung quer zur Naht durch die Schutzgasgemische nicht verschlechtert wurden. Das Tiefziehverhalten allerdings verschlechterte sich geringfügig.

2.3 Die besondere Aufgabe der Schutzgase beim Laserstrahlschweißen

Das Laserstrahlschweißen gehört ebenso wie das Lichtbogenschweißen zur Gruppe der Schmelzschweißverfahren [28]. Die Schmelzbadoberfläche ist dabei genauso wie beim Lichtbogenschweißen durch Zufuhr von Gasen vor der Umgebungsluft zu schützen. In metallurgischer Hinsicht spielt deshalb auch beim Laserstrahlschweißen die Reaktion Schutzgas/Schmelze eine technologisch entscheidende Rolle. Infolge des "konzentrierten" Energieeintrags sind beim Laserstrahlschweißen Schweißgeschwindigkeiten zu erreichen, die bis zu einer Größenordnung über den Geschwindigkeiten liegen, die mit Lichtbogentechnik erreicht werden [33], so daß die Reaktions- und Abkühlzeiten kürzer sind.

Die dabei erzielten Schweißnähte zeichnen sich ferner dadurch aus, daß die Nahtoberfläche bei vergleichbarer Einschweißtiefe um ein Vielfaches kleiner ist als bei den Lichtbogenschweißverfahren. In Anbetracht der kürzeren Reaktionszeiten und der kleineren Reaktionsflächen sind die Erfahrungen der Lichtbogenschweißtechnik deshalb nicht direkt auf die Laserstrahlschweißtechnik übertragbar. Ein niedriglegierter Stahl läßt sich beispielsweise durchaus ohne Zusatz von Schutzgasen mittels Nd:YAG-Laserstrahlung schweißen [34]. Die Oxidation der Nahtoberraupe ist dabei tolerabel.

Mit CO_2-Laserstrahlung wäre dies unter normalen Atmosphärenbedingungen jedoch nicht möglich, der Laserstrahl würde ohne Zufuhr eines geeigneten Schutzgases nicht in das Material einkoppeln. Die von der Laserstrahlung induzierte Plasmafackel erschwert die Einkopplung des CO_2-Laserstrahls in das Material. Bei entsprechend großer Leistungsdichte kann ausgehend vom Metalldampfplasma über der Kapillare sogar ein Schutzgasplasma gezündet werden, das dann, abgelöst von der Werkstückoberfläche, die Energieeinkopplung ins Material verhindert, vgl. Bild 2. Dieses Beispiel verdeutlicht die beim Laserstrahlschweißen wichtigste Funktion des zugeführten Schutzgases, die Unterstützung der Energieeinkopplung. In diesem Zusammenhang spricht man auch häufig von einer Plasmakontrolle mittels eines Plasmajets (Schutzgasstrom).

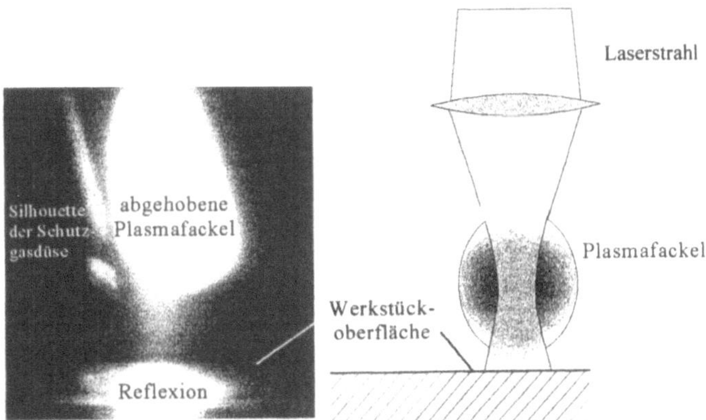

Bild 2: Eine laserinduzierte Plasmafackel weitet den fokussierten Laserstrahl derart auf, daß die Einkopplung des Laserstrahls in das Werkstück verhindert werden kann.

Die Wirksamkeit dieser Plasmakontrolle ist allerdings nicht nur eine Frage der Schutzgaszusammensetzung, sondern auch der Art und Weise, wie dieses Gas dem Prozeß zugeführt wird. In den nachfolgenden Abschnitten ist deshalb kurz die Wirkung des Schutzgases beim Laserstrahlschweißen in Bezug auf die Energieeinkopplung und deren Einfluß auf die Prozeßstabilität umrissen. Daran anschließend sind strömungstechnische Charakteristiken erarbeitet, die, sofern sie bei der Installation der Schutzgaszufuhr berücksichtigt werden, eine wirksame Schutzgaszufuhr an die Wechselwirkungszone garantieren.

2.3.1 Kontrolle der Energieeinkopplung

Die Ursache des in Bild 2 beschriebenen und von der Wellenlänge des eingesetzten Lasers abhängigen Effekts wurde von unabhängigen Forschergruppen in Modellen übereinstimmend erklärt [35-39]. Infolge der hohen Energieflußdichten beim Lasertiefschweißen $(I > 10^6$ W/cm²) wird der aus der Kapillare strömende und ggf. auch mit Schutzgas vermischte Metall-dampfstrom ionisiert [40]. Die dabei entstehende Schutzgas-/Metalldampf-Plasmafackel wirkt wie eine zusätzliche Linse im Strahlengang und defokussiert den Laserstrahl. Diese Aufwei-tung des Strahls kann soweit führen, daß die zum Aufrechterhalten des Tiefschweißeffekts notwendige Intensität in der Wechselwirkungszone nicht mehr erreicht wird und der Schweißprozeß aussetzt – die Tiefschweißschwelle wird unterschritten, siehe Seite 12. In je-dem Falle wird dadurch jedoch die Einschweißtiefe deutlich reduziert [41-43]. Dieser Effekt, der im allgemeinen als "Plasmaabschirmung" bezeichnet wird, kann durch Zufuhr eines ge-eigneten Schutzgases mit größerem Ionisationsgrad wie z.B. Helium, vgl. Bild 3, unterdrückt bzw. kontrolliert werden.

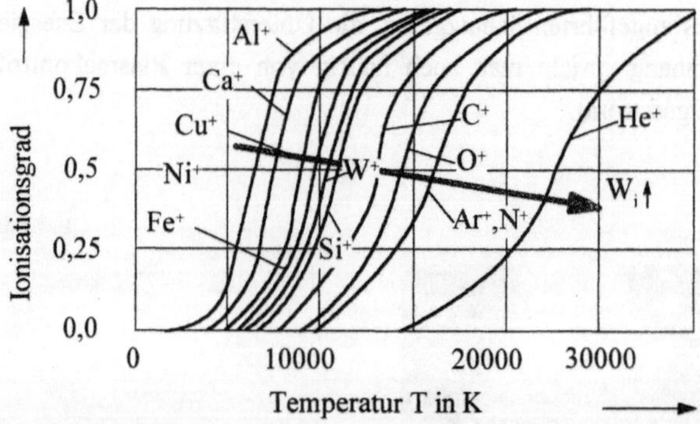

Bild 3:   Auswirkung der Ionisationsgrade verschiedener Schutzgase [17].

In einem numerischen Modell zur Untersuchung der Absorption und der Defokussierung des Laserstrahls in der Plasmafackel konnte gezeigt werden, daß die Zusammensetzung der Schutzgasmischung nicht nur für Absorption und Defokussierung der Laserstrahlung ent-scheidend ist, sondern auch die Stabilität des Schweißprozesses beeinflussen kann [44].

Ausschlaggebend für die Bestimmung der Fokusaufweitung durch die defokussierende Wir-kung der Plasmafackel ist die lokale Plasmatemperatur in der Fackel. In Anlehnung an Veröf-fentlichungen über die Plasmatemperaturen beim Laserstrahlschweißen (Fe-Werkstoffe: 5000 K bis 12000 K, Al-Werkstoffe: 20000 K) ist den Diagrammen in Bild 4 und 5 zu ent-nehmen, daß die relative Fokusaufweitung (r/r_0) von der Plasmatemperatur abhängig ist. Mit der experimentellen Beobachtung, daß die Plasmatemperatur in einem weiten Bereich und mit großer Frequenz fluktuiert [40], ist zu erklären, daß der effektive Fokusdurchmesser auf der Werkstückoberfläche instabil ist.

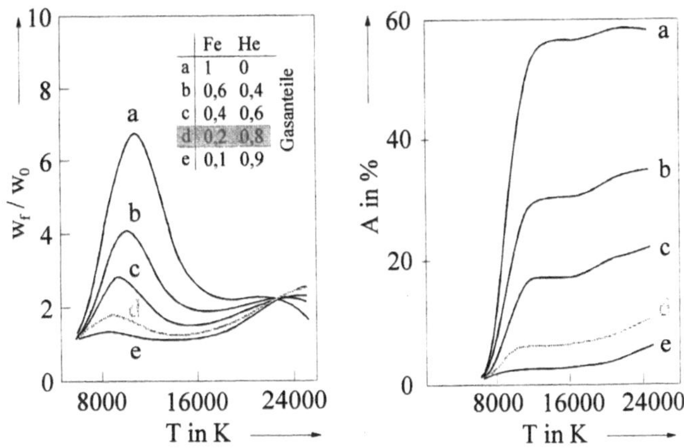

Bild 4:   Relative Fokusaufweitung und Absorption in der Plasmafackel, abhängig von der Temperatur der Plasmafackel und des Schutzgasanteils [44].

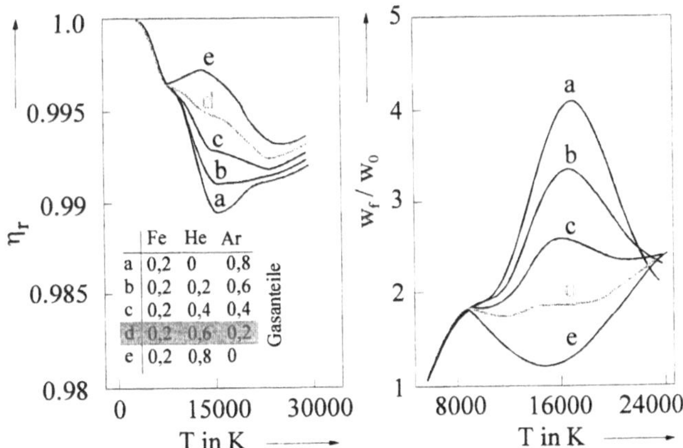

Bild 5:   Schutzgasmischung von Helium zu Argon im Verhältnis 3:1 reduziert die Abhängigkeit der Fokusaufweitung von der Plasmatemperatur [44].

Diese Diagramme zeigen deutlich, daß in der Plasmafackel bei einem Schutzgasanteil größer 80 % maximal 5 bis 10 % der Strahlleistung absorbiert werden. Wesentlich für die Prozeßstabilität ist ferner, daß durch Einsatz einer Schutzgasmischung von Helium zu Argon im Verhältnis 3:1 die Abhängigkeit der optischen Eigenschaften des Plasmas von der stark fluktuierenden Plasmatemperatur reduziert und die Fokussierung und damit der Schweißprozeß stabilisiert wird – der effektiv wirksame Fokusdurchmesser wird von der Temperatur "entkoppelt".

Die vorstehenden Abschnitte haben gezeigt, daß zur wirksamen Kontrolle der Plasmafackel das verwendete Schutzgas bzw. Schutzgasgemisch einen maßgeblichen Anteil zur Prozeßstabilität leisten kann. Darüber hinaus werden auch die technologischen Eigenschaften der Schweißnaht durch das zugeführte Schutzgas beeinflußt.

In den nächsten beiden Abschnitten ist ein für die Wirksamkeit ebenso entscheidender Faktor der Schutzgase diskutiert: die Zufuhr der Schutzgase. Nach einem Abschnitt über geeignete Schutzgasdüsen für das Laserstrahlschweißen wird ein Konzept zum Schutz der optischen Komponenten vorgestellt, das sich neben einem effizienten Schutz vor Schweißspritzern vor allem dadurch auszeichnet, daß es die sensible Schutzgaszufuhr nicht stört. Dieses Konzept bildet damit die Grundlage für eine wirksame Schutzgaszufuhr und garantiert eine stabile Kontrolle der Plasmafackel.

2.3.2   Schutzgasdüsen zum Laserstrahlschweißen

Zur gezielten Ausnutzung der Schutzgaswirkung muß in der Praxis darauf geachtet werden, daß das eingesetzte Schutzgas ungestört und möglichst rein an die Wechselwirkungszone gelangt und dort für eine stabile Prozeßkontrolle sorgt. Meist zwingen jedoch die engen Platzverhältnisse in der Wechselwirkungszone (bedingt durch die Fokussieroptik, Einrichtungen zum Schutz der Optiken, Drahtzuführungen, Spannmittel und Sensorik etc.) zu Kompromissen zwischen realisierbarer und idealer Positionierung dieser Anlagenkomponenten. Die Zuführung der Schutzgase als letztes Glied in der Kette der Komponenten einer Laserschweißanlage wird dann nicht selten auf Kosten der geeigneten Schutzgaszuführung und damit letztlich der Prozeßstabilität vernachlässigt.

Diese gezwungenermaßen einzugehenden Kompromisse lassen eine für den Prozeß ideale Schutzgaszuführung, wie sie am Ende des Abschnitts 2.3.3.1 in Kombination mit einem optimierten Querjet vorgestellt wird, in der Praxis kaum zu. In diesem Abschnitt sind deshalb die Strömungsverhältnisse der in der Praxis überwiegend als Rohrmündung ausgeführten Schutzgasdüsen untersucht.

Die Strömungscharakteristiken dieser Düsen geben Hinweise darüber, wie eine wirksame Schutzgaszufuhr auf den Schweißprozeß ausgerichtet sein sollte und welche Problemstellungen bei einer an das Bauteil und die Anlage angepaßten Schutzgasdüse beachtet werden sollten und wie sie zu positionieren ist.

2.3.2.1   Visualisierung der Strömungsverhältnisse

Die Schutzgase erreichen beim Laserstrahlschweißen je nach Durchmesser und Durchfluß der Düsen Strömungsgeschwindigkeiten von bis zu 20 m/s. Dichteänderungen wie in einer Überschallströmung, die den Strömungszustand in einem Schlierenaufbau erkennbar werden lassen, treten in der Schutzgasströmung nicht auf.

Das Schutzgas Helium jedoch, das in die mit Luft gefüllte Umgebung ausströmt, läßt sich wegen seines gegenüber der Luft deutlich verschiedenen Brechungsindex in einem Schlierenverfahren sichtbar machen (vgl. hierzu Abschnitt 5.5.2). Im Falle von Luft und Stickstoff reicht der Unterschied der Brechungsindizes zur Visualisierung nach dem Schlierenverfahren leider nicht aus.

Die Sichtbarmachung der Strömungsverhältnisse durch kleinste Partikel (Tracer) ist hingegen von der Gasart unabhängig – einschlägige Ausführungen hierzu sind in [45, 46] zu finden. Als Tracer eignen sich beispielsweise Talkumpartikel, die in die Schutzgasleitung injiziert werden, so daß sich aufgrund des vermehrten Austausches im Bereich turbulenter Strömung Talkumpartikel auf der beströmten Oberfläche absetzen können.

Im realen Schweißprozeß trifft das Schutzgas mit dem aus der Kapillare strömenden Metalldampf zusammen. Diese Metalldampf-Strömung erreicht dabei Geschwindigkeiten von ca. 100 bis 200 m/s. Um diese den Schutzgasstrom kreuzende Strömung in einem Modellversuch berücksichtigen zu können, wurde in eine Platte eine Bohrung eingebracht, die mit $\varnothing$ 0,6 mm in etwa dem Kapillardurchmesser beim Laserstrahlschweißen angepaßt war. Aus dieser Bohrung strömte ersatzweise Stickstoff mit ca. 100 m/s aus.

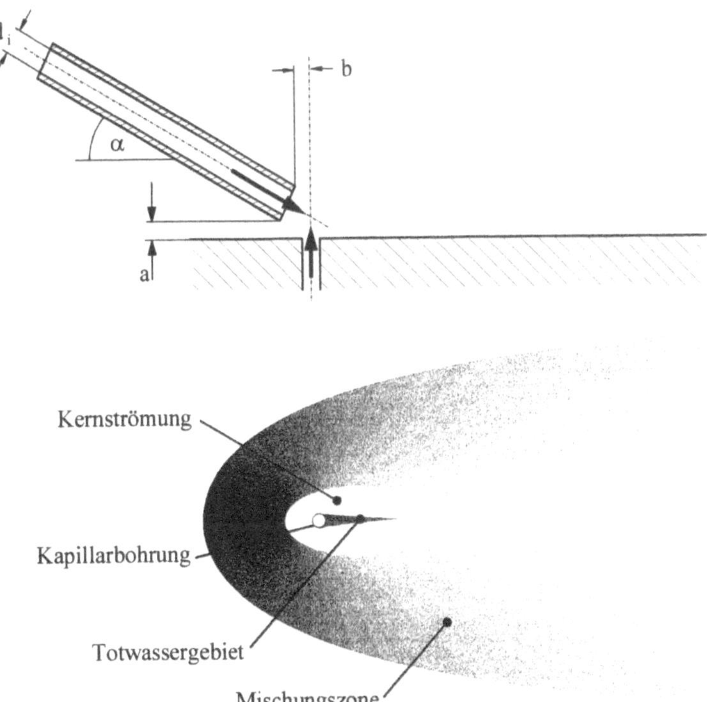

Bild 6:   Schematische Darstellung typischer Strukturen des Niederschlags durch die mit Talkum versetzte Schutzgasströmung.

Mit Hilfe dieser Versuchseinrichtung lassen sich grundlegende Strömungscharakteristiken des Schutzgasstroms im Bereich der Wechselwirkungszone beim Laserstrahlschweißen visualisieren. Die typische Struktur, die sich aus dem Tracer-Niederschlag ergibt, ist in Bild 6 schematisch skizziert.

Die Darstellung zeigt in der Draufsicht den Niederschlag, der durch ein Röhrchen beströmten "Schmelzbadumgebung" um die nachempfundene Dampfkapillare herum. Dieser Niederschlag gliedert sich in drei Bereiche: Totwassergebiet, Kernströmung und Mischungszone.

Ausgehend von der Kapillaröffnung, schließt sich in deren Nachlauf ein Totwassergebiet an, ein Gebiet der abgelösten Strömung, das an einem dichten Talkumniederschlag zu erkennen ist. An der Grenze des Totwassergebiets und der Kernströmung wird durch den turbulenten Austausch Talkumpulver mitgerissen. Dieses muß dem Totwassergebiet von hinten wieder zuströmen (Rückströmung) und setzt sich im abgelösten Bereich ab, da dort eine turbulente langsame Strömung herrscht, in der sich die Partikel absetzen können.

Das Gebiet, das die Bohrung und deren Nachlauf umschließt, zeigt keinen Niederschlag und stellt den Bereich der Kernströmung dar, der, sofern in der Zuleitung eine laminare Rohrströmung vorliegt, gleichmäßig über die Schmelzbadoberfläche streicht. Der die Kernströmung umschließende Schleier aus Talkumniederschlag zeigt die Mischungszone, ein Bereich starker turbulenter Strömung, in dem sich Umgebungsluft in die Schutzgasströmung einmischt. Es ist demnach davon auszugehen, daß nur die Schmelzbadoberfläche innerhalb des Bereichs der Kernströmung vor Umgebungsluft geschützt ist.

In einer Versuchsreihe mit einer einfachen Rohrmündung zeigt sich, daß die durch das Schutzgas von Umgebungsluft abgeschirmte Zone im wesentlichen durch Position und Ausrichtung der Mündung bestimmt ist. Der Volumenstrom bei den hier interessierenden Durchflußmengen (< 2000 l/h) nimmt keinen nennenswerten Einfluß auf die Größe der Kernzone.

In Bild 7 sind dazu Fotoaufnahmen der Strömungsverhältnisse aus Röhrchen ($d_i = 4$ mm und $d_i = 8$ mm) mit einfacher Rohrmündung gezeigt, die mittels dem Talkumniederschlags-Verfahren erzeugt wurden. Diese Aufnahmen unterscheiden sich im Bereich der Kernströmung nur unwesentlich voneinander. Mit steigendem Gasdurchsatz jedoch vergrößert sich der Bereich der Mischungszone, in der sich die Intensität des Talkumniederschlages verstärkt.

Wertet man die Aufnahmen maßstabsgerecht aus, erkennt man, daß der Bereich der Kernströmung in etwa der Projektion des Innendurchmessers des Röhrchens auf die Werkstückoberfläche entspricht. Im Falle der hier einfachen, geraden Öffnung des kreisrunden Röhrchens ist die Projektionsfläche also eine Ellipse und damit bei stechender oder schleppender Schutzgasführung der Schmelzbadform ideal angepaßt. Bei orthogonal zur Schweißrichtung geführtem Schutzgasstrom (laterale Schutzgaszufuhr) jedoch kreuzen sich der elliptische Kernbereich der Schutzgasströmung und der nahezu elliptische Bereich der Schmelze. Im Falle der lateralen Schutzgasführung ist also eine elliptische Öffnung des Röhrchens mit Orientierung in Vorschubrichtung einer kreisrunden Öffnung vorzuziehen.

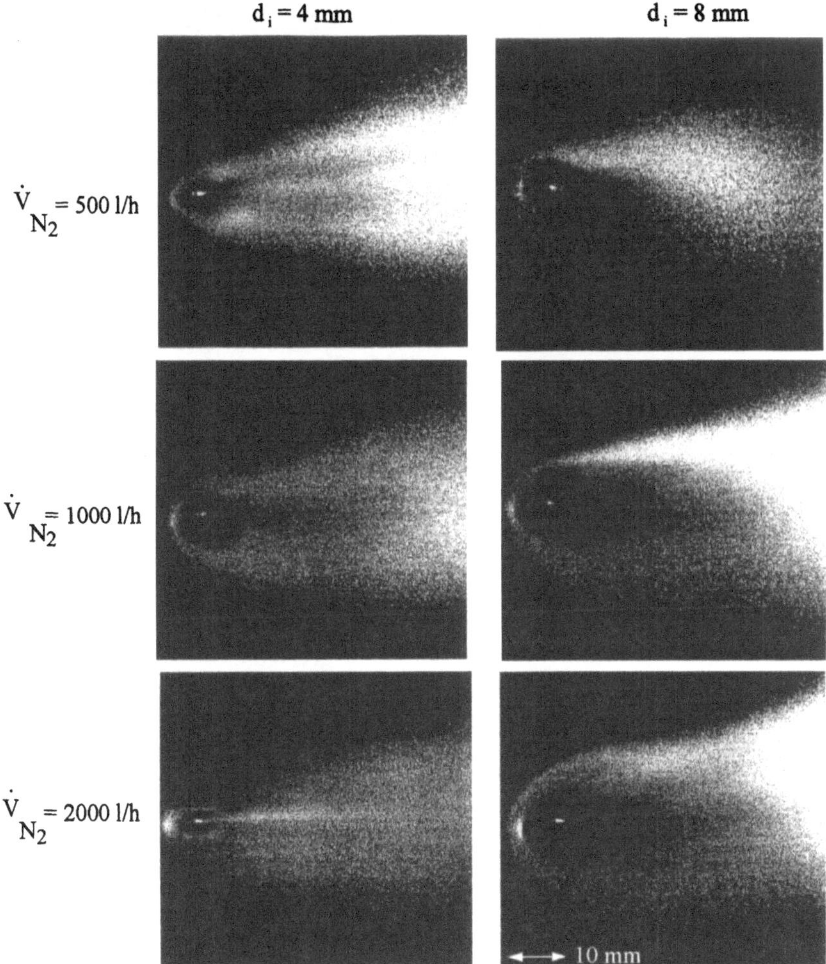

Bild 7: Aufnahmen der Strömungsverhältnisse auf der Werkstückoberfläche bei einfacher Rohröffnung; links Innendurchmesser d_i = 4 mm, rechts d_i = 8 mm.

Eine auf die Größe und Form der Wechselwirkungszone abgestimmte Schutzgasdüse muß auch exakt zum Schmelzbad ausgerichtet sein. Bild 8 zeigt das Ergebnis eines dejustierten Röhrchens, wobei die Dejustage in einem Versatz um einen Innenradius des Röhrchens bestand. Unverkennbar ist, daß in diesem Fall die Zone des Schmelzbadvor- und Schmelzbadnachlaufs innerhalb der Mischungszone liegt und letztlich mit Umgebungsluft in Reaktion treten könnte.

Da die Justage der Röhrchen im täglichen Schweißbetrieb meist durch das bloße Auge erfolgt, unterstreicht diese Visualisierung, daß der für eine wirksame Schutzgasströmung benötigte Querschnitt der Schutzgasdüse nicht zu klein bemessen werden sollte. Im vorliegenden Fall betrug der Innendurchmesser d_i = 4 mm und stellt damit ein Negativbeispiel dar. Vor dem

Hintergrund, daß in bezug auf Reproduzierbarkeit und Stabilität des Schweißprozesses eine gesicherte Durchmischung der unmittelbar über der Kapillaren wirkenden Plasmafackel gewährleistet sein muß, unterstreicht dies die Notwendigkeit eines ausreichend groß und präzise ausgerichteten Schutzgasstroms.

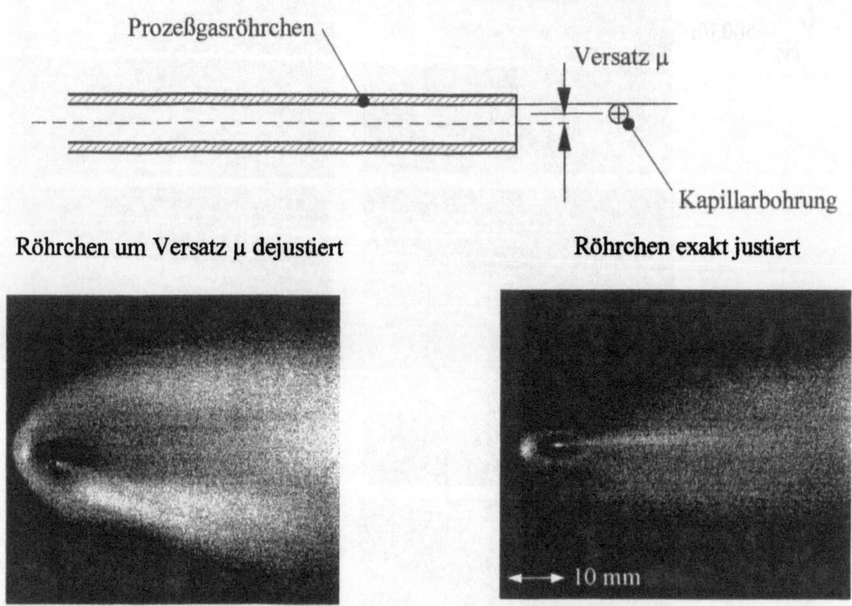

Bild 8:   Eine nur um den Versatz μ dejustierte Schutzgasdüse führt dazu, daß der zu schützende Bereich in die Mischungszone der Schutzgasströmung fällt.

Andere Mündungsformen, die beispielsweise abgeflacht sind oder an spezielle Bauteilkonturen angepaßt sind, weisen bis auf ein paar Details die in Bild 9 gezeigte Strömungscharakteristik auf. Darin ist sehr gut zu erkennen, daß die Größe der schützbaren Kernzone mit zunehmendem Abstand zur Oberfläche kleiner wird.

Das in Bild 9 gezeigte Geschwindigkeitsfeld einer einfachen Mündung erklärt, daß die Kernzone des Schutzgasstroms der Fläche eines Kegelschnitts entspricht, wenn der von Umgebungsluft nicht vermischte Kegel auf die Werkstückoberfläche trifft. Nach [47] kann man näherungsweise davon ausgehen, daß die Kernlänge x_0 ca. 5 x d_i entspricht. So läßt sich anhand dieser einfachen geometrischen Verhältnisse beim Einrichten der Schutzgasdüse der effektiv vor der Umgebungsluft geschützte Bereich abschätzen.

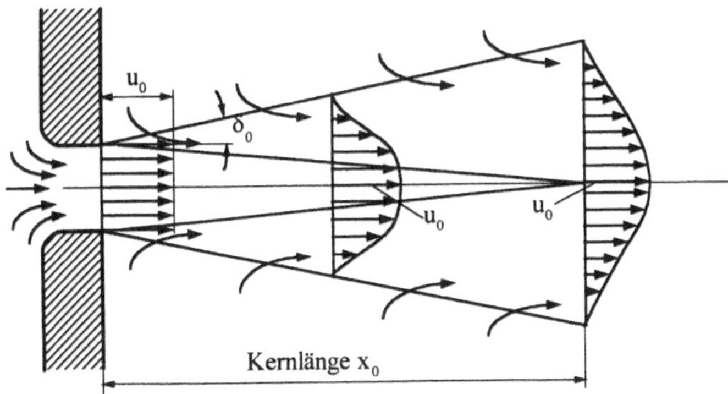

Bild 9:   Vermischung eines aus einer Düse austretenden Gasstrahls.

Als Konsequenz dieser Betrachtungen ist für die Schutzgaszufuhr zu empfehlen, daß die Mündung der Schutzgasdüse so nah wie möglich an die Wechselwirkungszone positioniert wird und einen ausreichend groß bemessenen Durchmesser aufweist, der nach einem einfachen Kegelschnitt und der zu schützenden Schmelzbadlänge zu bestimmen ist. In der Regel ist ein Mündungsdurchmesser von mindestens 6 mm notwendig.

Eine immer wieder geführte Diskussion über die Wirksamkeit bzw. die Vorteile einer stechend, schleppend oder lateral zur Schweißrichtung geführten Schutzgasdüse oder deren Anstellwinkel ist vor dem Hintergrund der gezeigten Strömungsverhältnisse auf eine unterschiedlich positionierte und zu klein bemessene Kernzone zurückzuführen. Woraus zu schließen ist, daß all diese Führungsarten ein vergleichbares Prozeßergebnis erzielen müßten, wenn die Mündung so justiert ist, daß der Kegelschnitt auf der Werkstückoberfläche die gleichen Bereiche schützt.

Eine besondere Form der Schutzgaszufuhr stellt die koaxial geführte und unidirektional wirkende Schutzgaszufuhr dar. Bei dieser Art der Schutzgasführung muß darauf geachtet werden, daß der auf die Schmelze ausgeübte Impuls die Schmelze nicht aus der Naht austreibt. Ein derartiger Ansatz zur koaxialen Schutzgasführung ist im folgenden Abschnitt in Kombination mit einem effizient arbeitenden Querjetkonzept vorgestellt.

2.3.3 Querjet zum Schutz der Optik vor Schweißspritzern

Sowohl beim Lichtbogenschweißen als auch beim Laserstrahlschweißen kommt es abhängig vom bearbeiteten Material und den Prozeßparametern zu Schweißspritzern. Diese Spritzer sowie die Schutzgas- und Materialdampf-Gemische setzen sich beim Laserstrahlschweißen auf die optischen Komponenten (Spiegel, Linsen) ab, siehe Bild 10. Dort absorbieren und beugen sie Laserstrahlung, mindern Strahlleistung und -qualität, stören dabei nicht nur die Prozeßstabilität, sondern sind auch die Ursache von verkürzten Standzeiten dieser teuren Elemente.

In der Serienproduktion, bei der große Wartungszyklen und lange Standzeiten gefordert sind, müssen diese Komponenten durch wirksame Maßnahmen geschützt werden. Dazu werden quer zur Laserstrahlrichtung orientierte Gasstrahlen (Querjets) eingesetzt, die die Spritzer und Dampfgemische vor den Spiegeln bzw. Linsen ablenken [48, 49]. Man stellt in diesem Zusammenhang jedoch immer wieder fest, daß die Spritzerablenkung herkömmlicher Konzepte oft nicht ausreicht.

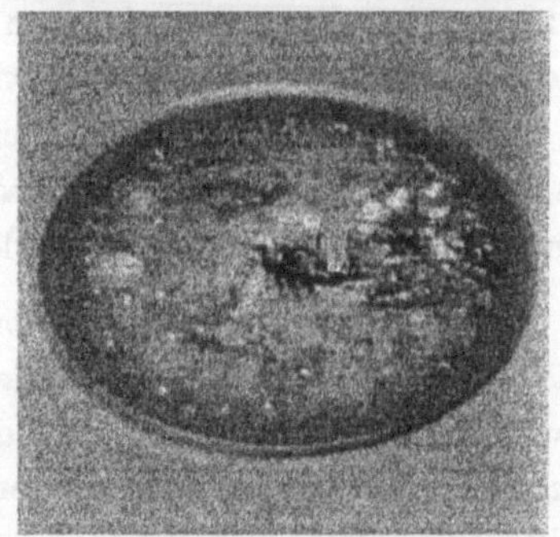

Bild 10: Ein durch Schweißspritzer zerstörter Fokussierspiegel (oben), wie er typischerweise beim Schweißen mit CO_2-Laserstrahlung eingesetzt wird. Unten: ein beim Schweißen mit Nd:YAG-Lasern verschmutztes Schutzglas.

Bild 11 zeigt in Langzeitbelichtung aufgenommene Flugbahnen durch einen herkömmlichen Querjet als Funktion des am Querjet anliegenden Ruhedrucks. Vergleicht man die erzielten Ablenkwinkel, so stellt man fest, daß der Winkel ab ca. 4 bar fällt. Der Grund dafür ist, daß das Querjetgas im getesteten Gehäusekonzept über drei einzelne Schlitze entspannt wird, die sich gegenseitig derart beeinflussen, daß es zu einem Strömungsfeld mit lokal deutlich reduzierten Strömungsgeschwindigkeiten kommt. Zusätzlich zum Impulsverlust durch Totaldruckverluste in den Einzelstrahlen kommt es durch die gegenseitige Beeinflussung der Strahlen zu einer reduzierten Ablenkung. Durch einen größeren Druck am Querjet erreicht man deshalb keine verbesserte Schutzwirkung.

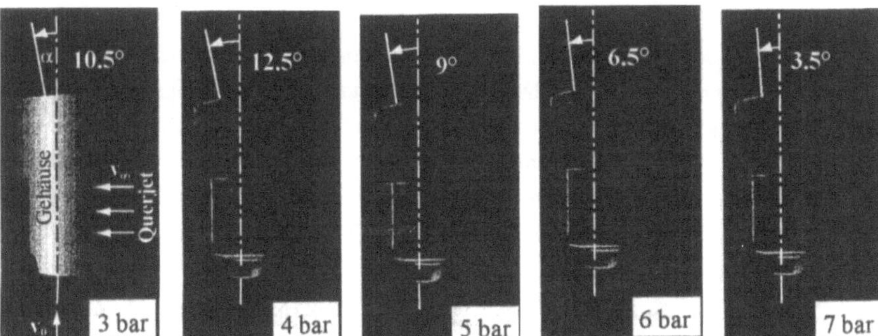

Bild 11: Die Spritzerablenkung nimmt in einem Querjet herkömmlicher Bauart bei über 4 bar gesteigertem Ruhedruck deutlich ab. Grund dafür sind die im Freistrahl einfacher Öffnungen auftretenden Stöße und die damit verbundenen Totaldruckverluste sowie die durch das Gehäusekonzept beeinflußten Freistrahlströmungen.

Erschwerend kommt hinzu, daß aufgrund meist beschränkter Platzverhältnisse zwischen Fokussieroptik und Bearbeitungsstelle der Querjet in den Bearbeitungskopf integriert werden muß, wodurch eine starke Sogwirkung der Fokussieroptik bzw. des Gehäuses entsteht und der Schutzgasstrom von der Bearbeitungsstelle abgesaugt wird (Bild 12).

Insbesondere beim Laserstrahlschweißen mit einer CO_2-Laserstrahlquelle, bei dem der Schutzgasstrom in erster Linie die Plasmafackel über der Bearbeitungsstelle verdünnen muß, führt die Beeinflussung der Schutzgasströmung zu verschlechterten Nahtqualitäten und gefährdet die Prozeßstabilität.

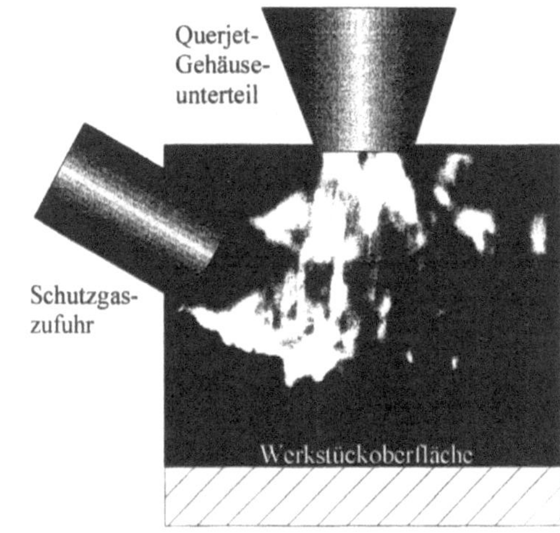

Bild 12: Sogwirkung eines Standardquerjets, durch ein Schlierenverfahren visualisiert. Das Schutzgas wird in das Querjetgehäuse eingesogen, anstatt auf die Materialoberfläche zu gelangen.

In jedem Falle führt eine derartige Absaugung zu vermehrtem Schutzgaseinsatz und damit zu erhöhten Prozeßkosten. Querjetkonzepte mit beabsichtigter Sogwirkung, wie sie beispielsweise zum Laserabtragen eingesetzt werden [50], sind deshalb zum Laserstrahlschweißen ungeeignet.

2.3.3.1 Querjetkonzept

Mit der Zielsetzung, den Gasverbrauch im Querjet zu senken bzw. eine effiziente Ablenkung der Spritzer zu erzielen, wurden zunächst Spritzergrößen und -geschwindigkeiten beim Laserstrahlschweißen verschiedener Materialien experimentell ermittelt. Danach betrug der Durchmesser der Spritzer im Durchschnitt ca. 0,5 mm und konnte überwiegend als kugelförmig bezeichnet werden. Die in den Versuchen ermittelten Geschwindigkeiten erreichten Spitzenwerte bis zu 15 m/s. Im Mittel lag die Vertikalgeschwindigkeit der Spritzer bei ca. 3,5 m/s [51].

Schätzt man die Ablenkung der Spritzer in einem ebenen Freistrahl analytisch ab, wird deutlich, daß eine Querjetdimensionierung, die auch Spritzer mit Spitzengeschwindigkeiten von über 15 m/s ausreichend ablenkt, technisch kaum umsetzbar ist – der dazu notwendige Massendurchsatz würde 2000 l/min übersteigen.

Die detaillierte Betrachtung der Spritzerablenkung läßt aber erkennen, daß die Ablenkung bei konstantem Massenstrom mit zunehmender Gasgeschwindigkeit gesteigert werden kann. Für eine ausreichende Ablenkung der im Mittel 3,5 m/s schnellen Spritzer muß der Querjet-Gasstrahl Überschallgeschwindigkeit erreichen. In einem konvergenten oder parallelen Spalt erreicht das Gas aber maximal Schallgeschwindigkeit, wobei es auf Lavaldruck entspannt wird. Ist dieser höher als der Umgebungsdruck, so muß der Freistrahl nachexpandieren. In dieser Nachexpansion wird zwar ebenfalls lokal Überschallgeschwindigkeit erreicht, aber es kommt dabei zu Stößen, die in Abhängigkeit des Ruhedrucks zu Totaldruckverlusten von über 40 % führen [52]. Für eine garantierte und effiziente Ablenkung benötigt man deshalb einen nahezu störungsfreien Überschallgasstrahl, der nur in einer Lavalkontur erzeugt werden kann. Die deutlich verbesserte Wirkung der in einer Lavaldüse erzeugten Überschallströmung bezüglich der Spritzerablenkung demonstrieren Bild 13 und 14.

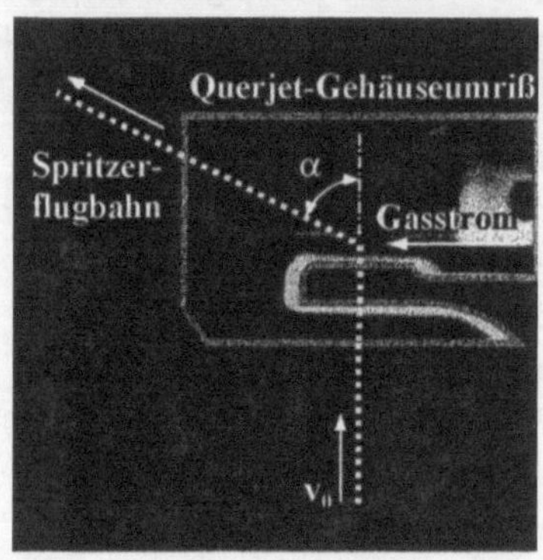

Bild 13: In Langzeitbelichtung sichtbar gemachte Spritzerflugbahn (als gepunktete Linie hervorgehoben).

In einem Experiment konnten dazu Flugbahnen von Probekugeln mit 1 mm Durchmesser durch zwei Querjets hindurch aufgenommen werden. In gleichem Gehäuse wurden die Freistrahlen in Düsen erzeugt, die sich lediglich dadurch unterschieden, daß in einem Fall die Düse nach dem engsten Querschnitt endete, im zweiten Falle schloß sich der divergente Teil einer Lavaldüse an, angepaßt für 5 bar Ruhedruck absolut. Diese Versuche unterstreichen die verbesserte Ablenkung durch Einsatz der Lavalkontur bei gleichem Massendurchsatz bzw. Ruhedruck, siehe Bild 14.

Berücksichtigt man darüber hinaus, daß der Massendurchsatz proportional dem Produkt von Ruhedruck und engstem Querschnitt ist, wird deutlich, daß eine Lavaldüse mit gleichgroßem engsten Querschnitt den Gasdurchsatz bei gleichem Ablenkwinkel reduziert. Wie Bild 14 zu entnehmen, reduziert demnach die Lavalkontur den Ruhedruck und damit bei gleichem engstem Querschnitt den Gasdurchsatz um über 20 % bei einem gewünschten Ablenkwinkel von 60°.

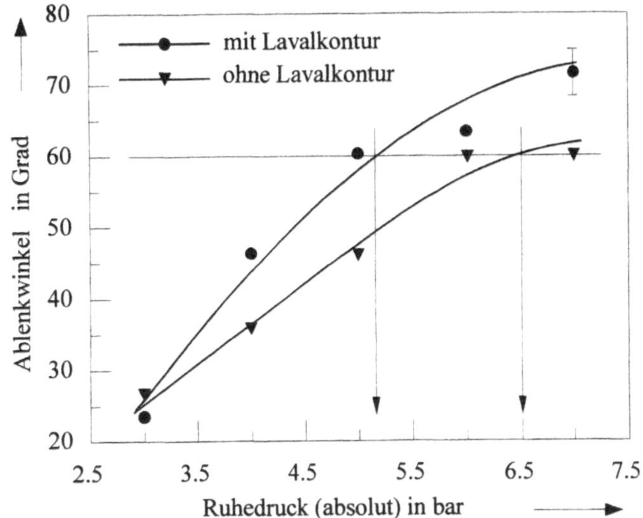

Bild 14:   Vergrößerte Ablenkwinkel der Probekugeln (1 mm) in Überschallströmungen gleichen Querschnitts in Abhängigkeit des Ruhedrucks.

2.3.3.2   Sogwirkung

Zwar bewirken größere Strömungsgeschwindigkeiten eine verbesserte Spritzerablenkung, sie führen jedoch gleichzeitig zu einer verstärkten Sogwirkung der Strömung und stören die Schutzgaszufuhr. Physikalisch ist dieser Sog unvermeidlich, denn ein Freistrahl, der selbst isobar in die Umgebungsluft eintritt, reißt an seinen Randbereich angrenzende Luftteilchen mit und saugt Umgebungsluft ein (vgl. Bild 9) – mit zunehmender Strömungsgeschwindigkeit nimmt also auch die Sogwirkung und somit die Beeinflussung der Schutzgaszufuhr zu.

Ohne daß die Geschwindigkeit reduziert wird, läßt sich die Sogwirkung nur durch eine Minimierung der Reibfläche herabsetzen, was bedeutet, daß eine Strömungskonfiguration anzustreben ist, bei der das Verhältnis von Umfang zu Querschnitt möglichst gering ist. Vor diesem Hintergrund wird deutlich, daß der Querstrom beispielsweise den Querschnitt eines einzelnen Rechtecks haben sollte und nicht aus einem Feld einzelner Bohrungen und/oder Schlitzen gebildet werden darf. Im letzteren Falle würde die Kontaktfläche, an der Luftteilchen mitgerissen werden, deutlich vergrößert.

Die Sogwirkung läßt sich somit ohne Verlust an Schutz vor Schweißspritzern nicht maßgeblich reduzieren. Ziel der Optimierung war es deshalb, den zuströmenden Luftstrom vom Schutzgasstrom zu trennen, so daß kein Schutzgas von der Schweißstelle abgesaugt wird. Mit Hilfe computergestützter Simulation der kompressiblen Überschallströmung [53] und des angrenzenden Strömungsfeldes sowie ergänzender Experimente ist es gelungen, ein Gehäusekonzept zu entwerfen, das die vom Freistrahl mitgerissene Umgebungsluft von der Schweißstelle fernhält, eine stabile Schutzgaszufuhr zur gesicherten Plasmakontrolle und einen verläßlichen Oxidationsschutz garantiert, vgl. Bild 15 und 17.

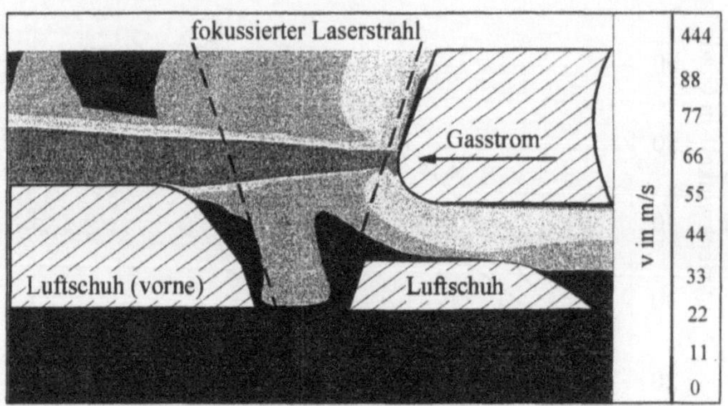

Bild 15: Computergestützt errechnete Geschwindigkeitsverteilung zeigt die zwischen Querjetgehäuse und Werkstück beruhigten Strömungsverhältnisse.

Das besondere an diesem Gehäusekonzept ist ein "Luftschuh", der die Umgebungsluft derart führt, daß die Bearbeitungszone unter dem Schuh ungestört bleibt. Ein vom Querstrom induzierter Wirbel in der Öffnung, durch die der Laserstrahl hindurch fokussiert wird, wirkt als Barriere zwischen Bearbeitungsraum und Querstrom.

Bild 16 zeigt drei Schlierenaufnahmen der Schutzgasströmung und deren Beeinflussung bzw. Nichtbeeinflussung für verschiedene Betriebszustände. Die Aufnahmen belegen, daß kein Schutzgas in den optimierten Querjet gesaugt wird. Die Bilder konnten mit einer Belichtungszeit von 1/1000 s aufgenommen werden und lassen deutlich Turbulenzballen in der Schutzgasströmung erkennen. Wie im Fall des abgestellten Querstroms erkennbar ist, sind diese aber auf eine turbulente Schutzgasströmung in der Zuleitung zurückzuführen, vgl. Bild 16 oben.

Ein positiver Nebeneffekt des neuen Gehäusekonzeptes ist der gegenüber konventionellen Bauweisen bei gleichem Durchsatz um ca. 10 % reduzierte Geräuschpegel.

Aufgrund dieser Erfahrungen wurde im Rahmen dieser Arbeit ein Querjetkonzept entwickelt, das den Anforderungen beim Laserstrahlschweißen in der Serie gerecht werden konnte und in verschiedenen Produktionsbereichen in größerer Stückzahl erfolgreich eingesetzt wird [54, 55]. Durch dessen Einsatz werden

- verlängerte Standzeiten der Fokussierlinsen bzw. -spiegel mittels einer verbesserten Spritzerablenkung bei gleichem oder vermindertem Massendurchsatz des Querjets erreicht,

- eine ausgeschaltete oder kontrollierte Sogwirkung zur stabilen Schutzgaszufuhr bzw. zur gewollten Absaugung von aus der Bearbeitungszone abströmenden Schadstoffen erzielt,

- eine kompakte und in den Bearbeitungskopf integrierte Bauweise für größte Zu-

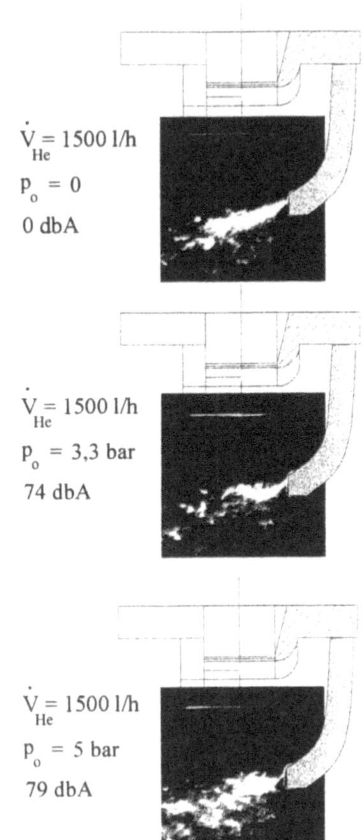

Bild 16: Die nach einem Schlierenverfahren [46] sichtbar gemachte Schutzgasströmung zeigt das durch den optimierten Querjet unbeeinflußte Strömungsverhalten (p_0 ist der am Querjet anliegende Ruhedruck).

gänglichkeit der Bearbeitungsstelle ermöglicht, und ferner

- gewährleistet ein modularer Aufbau eine flexible Anpassung an unterschiedliche Schweißaufgaben.

Bild 17 zeigt das unter diesen Vorgaben entwickelte Querjetkonzept am Beispiel einer Spiegel-Fokussieroptik zum Laserstrahlschweißen mit einem CO_2-Laserstrahl.

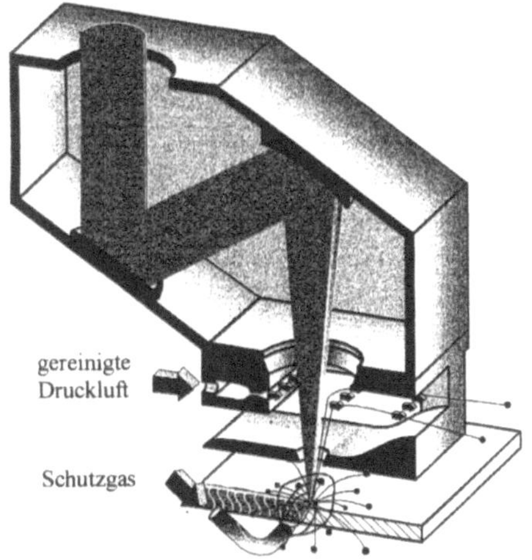

Bild 17: Fokussieroptik mit adaptiertem Querjet, wie sie typischerweise zum Schweißen mit CO_2-Lasern eingesetzt wird.

2.3.4   Prozeßstabilität durch optimierte Schutzgasführung

Mit dem neuen Gehäusekonzept konnte ein verbesserter Schutz vor Schweißspritzern erzielt werden. Gleichzeitig bildet es die Voraussetzung für eine unbeeinflußte Schutzgaszufuhr. Wie aber sollte eine gute Schutzgaszufuhr erfolgen?

Betrachtet man Bild 16, so stellt man fest, daß das Schutzgas turbulent aus der Schutzgasdüse ausströmt, unabhängig davon, ob der Querjet eingeschaltet ist oder nicht. Je nachdem, welche Viskosität, welcher Röhrchendurchmesser und was für ein Volumenstrom vorliegt, läßt sich abschätzen, daß Reynoldszahlen von Re < 2300 und damit eine laminare Strömung zu erzielen sein müßte [47]. Ursache der trotzdem vorliegenden turbulenten Strömung sind Kanten und verengende Bohrungen von Anschlüssen, Schlauchverbindungen und Kanälen in der Zuführung.

Die Auswirkung eines turbulent zuströmenden Schutzgasstroms läßt sich kaum quantifizieren. Je höher allerdings der Turbulenzgrad ist, um so höher ist auch die Durchmischung des Schutzgasstroms und die Einmischung von Umgebungsluft. Um einen Schutz vor Oxidation zu erzielen, wird deshalb in der Praxis meist eine möglichst laminare Schutzgaszufuhr angestrebt. In das in geordneten Schichten strömende Schutzgas mischt sich dann weniger Umgebungsluft ein. Unabhängig davon, ob das Schutzgas stechend, schleppend, lateral, koaxial, mit und ohne Schutz des Schmelzbadnachlaufes erfolgt, wird die Schutzgasdüse unmittelbar an die Bearbeitungsstelle positioniert, um dadurch die Einmischung von Umgebungsluft zu minimieren.

Eine weitere wichtige Funktion des Schutzgases bzw. einer verläßlich und kontrolliert arbeitenden Schutzgaszufuhr konnte im Kapitel 2.3.1 zur Plasmakontrolle aufgezeigt werden: Die Verdünnung und eine gute Durchmischung der Plasmafackel durch eine geeignete Schutzgasmischung ist für die Prozeßstabilität von größter Bedeutung. Eine turbulente Schutzgasströmung wäre für die Durchmischung der Plasmafackel demnach von Vorteil. Versucht man jedoch, eine solche zu erzielen, beispielsweise durch eine Düse, die über mehrere kleine Bohrungen auf die Bearbeitungsstelle bläst, bewirkt man aufgrund der vermehrt eingemischten Umgebungsluft das Gegenteil. Kapselt man die Bearbeitungsstelle zusätzlich ab, so erzielt man jedoch eine sehr gute Schutzgaswirkung. Bild 18 zeigt eine verbesserte Oberraupenqualität durch eine solche geschlossene und turbulente Schutzgaszufuhr. Voraussetzung allerdings ist, daß der in den Bearbeitungskopf integrierte Querjet das zugeführte Schutzgas nicht wieder absaugt.

Die hier als geschlossene Schutzgaszufuhr bezeichnete Gasführung kann wegen der eingeschränkten Zugänglichkeit keinesfalls als Universallösung verstanden werden. Sie macht allerdings deutlich, daß eine turbulente Schutzgaszufuhr von Vorteil ist, wenn ausgeschlossen werden kann, daß Umgebungsluft an die Schweißstelle gelangt.

CO_2-Laser; 4,4 kW; 4 m/min;
z_1=0; AlMgSi1, $V_{He/Ar}$ = 33 l/min

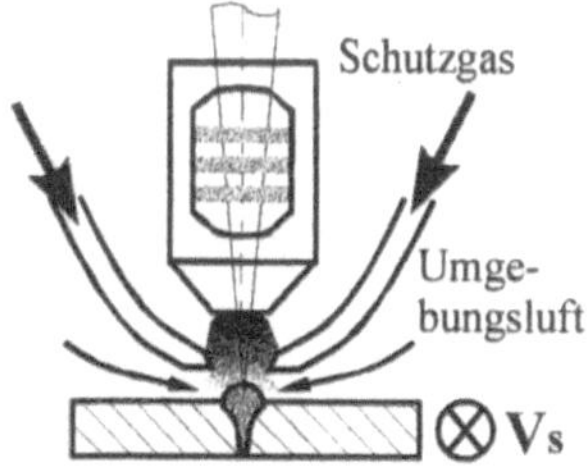

offene Schutzgaszufuhr,
mit Sogwirkung des Querjet

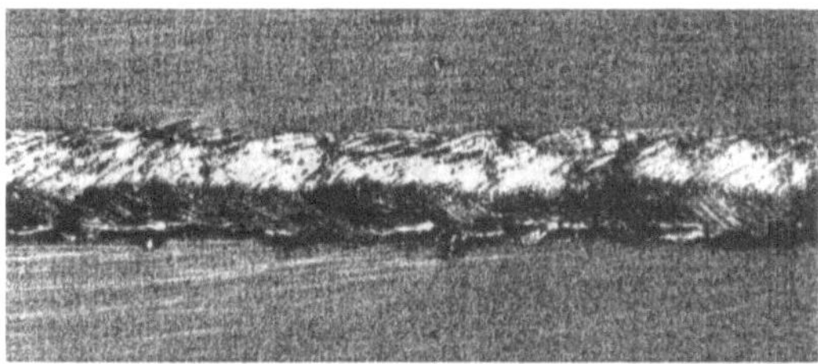

Schweißparameter unverändert, s.o.

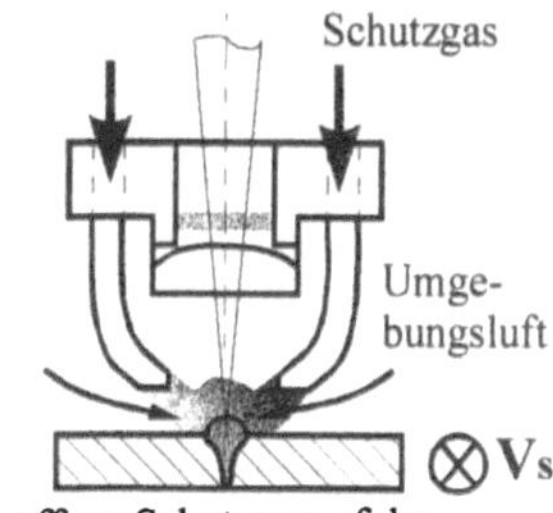

offene Schutzgaszufuhr,
ohne Sogwirkung des Querjet

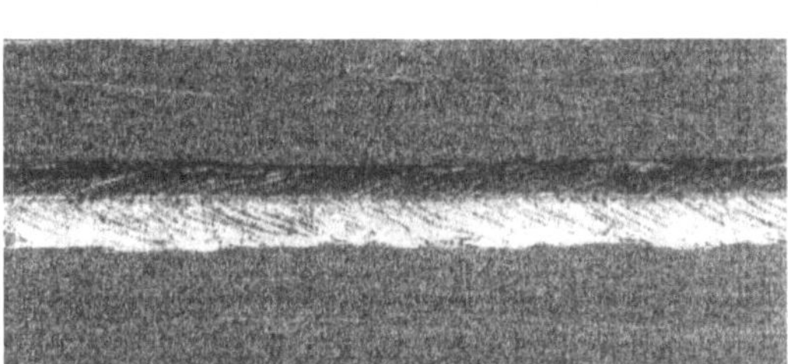

Schweißparameter unverändert, s.o.

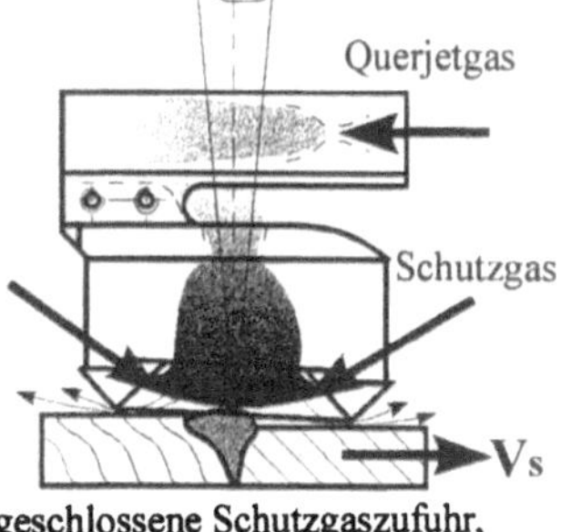

geschlossene Schutzgaszufuhr,
mit abgestimmter Absaugung

Bild 18:   Verbesserte Oberraupenqualität bei geschlossener Schutzgaszufuhr (unten). Oben: Standardquerjet, Mitte: optimierter Querjet und Standard-Schutzgaszufuhr, unten: optimierter Querjet mit gekapselter Schutzgaszufuhr.

2.3.5 Einsatzbeispiele

Verschiedene Formen der zu verschweißenden Bauteile und aufwendige Spannvorrichtungen sowie unterschiedliche Anforderungen an die Schweißnahtqualität verlangen eine möglichst flexible Adaption von Querjet und Schutzgasdüse an den Bearbeitungskopf.

Bei der Entwicklung des Querjets wurde deshalb auf ein modulares Konzept Wert gelegt. Es erlaubt eine an die Prozeßumstände angepaßte Funktionsweise der Komponenten. Beispielsweise kann beim Verschweißen von unlegierten Stählen mit Nd:YAG-Laserstrahlung auf Schutzgase verzichtet werden, so daß die Schutzgaszufuhr und der Luftschuh zugunsten einer verbesserten Zugänglichkeit demontiert werden können (Bild 19). Die wirksame Spritzerablenkung bleibt davon unbeeinflußt.

Bild 19:   Der modulare und kompakte Aufbau des Querjets bietet bei beschränkten Platzverhältnissen und nicht benötigter Schutzgaszufuhr größte Zugänglichkeit.

Bild 20:   Querjet-Modul zum Einschub in eine Bearbeitungsoptik, bei der der Luftschuh schon in das Gehäuse der Optik integriert ist [56].

Bei der Integration des Jets in weitgehend gekapselte Bearbeitungsköpfe ist darauf zu achten, daß die durch den Luftschuh minimierte Beeinflussung nur dann erreicht wird, wenn die Strömungsverhältnisse innerhalb des Bearbeitungskopfes auf den Querjet abgestimmt sind.

2.4 Kapitelzusammenfassung

Ausgehend von der Problemstellung, daß die Form der Schutzgaszuführung in der Praxis des Laserstrahlschweißens nicht selten die unterschätzte Ursache minderer Prozeßqualitäten ist, wurden die Strömungsverhältnisse in der Wechselwirkungszone visualisiert und charakterisiert. Ergebnis dieser Untersuchungen sind Empfehlungen zur geeigneten Form der Schutzgaszuführung.

Als Folge der physikalisch unvermeidlichen Einmischung von Umgebungsluft in den Freistrahl einer Schutzgasdüse wird der prozeßstabilisierende Einfluß einer sorgfältig abgestimmten Schutzgas-Zusammensetzung reduziert. Dieses Problem der Einmischung wird noch dadurch verstärkt, daß es im Sinne einer wirksamen Durchmischung der Plasmafackel zu empfehlen ist, daß dieser Freistrahl einen möglichst hohen Turbulenzgrad aufweist. Der turbulente Freistrahl mischt auf dem Weg zur Wechselwirkungszone mehr Umgebungsluft in das Schutzgas ein als eine primär laminare Freistrahlströmung.

Für die in der Praxis gebräuchlichste und universellste Form der Schutzgasdüse, die "einfache" Röhrchenmündung, ergeben sich demnach folgende Empfehlungen:

- Die Mündung ist so dicht als möglich an die Schweißstelle zu positionieren (einer zu hohen Erwärmung oder verstärkten Verschmutzung ist ggf. mittels spezieller Kühlung bzw. automatisierter Reinigung Sorge zu tragen),
- die Mündungsform ist der Bauteilkontur und Strahlkaustik anzupassen,
- Mündungsdurchmesser kleiner 6 mm sind wegen zu großer Positionierungsempfindlichkeit zu vermeiden,
- die Größe und Form des effektiv geschützten Bereichs kann in erster Näherung anhand des Schnitts des Schutzgaskegels und der Werkstückoberfläche abgeschätzt werden (dies ist insbesondere bei lateraler Zuführung von Bedeutung).

Werden diese Punkte beachtet, spielt es in Hinblick auf das Schweißergebnis keine Rolle, ob das Schutzgas lateral, stechend, schleppend oder koaxial zugeführt wird. Diese Erkenntnis wird auch dadurch bestätigt, daß in der immer wieder geführten Diskussion über die "beste" Ausrichtung des Schutzgasstroms noch kein Konsens gefunden wurde. Die Entscheidung, welche der genannten Varianten zum Einsatz kommt, kann deshalb nach praktischen Gesichtspunkten gefällt werden. Sie birgt letztlich aber auch eine wirtschaftliche Fragestellung, nämlich wieviel Schutzgas eingesetzt werden muß, daß bei der jeweiligen Düsenposition der gleiche Bereich der Wechselwirkungszone geschützt bzw. durchsetzt wird.

Die konsequente Form der Schutzgaszufuhr ist die geschlossene und turbulente Zuführung, bei der durch eine Kapselung der Schweißstelle verhindert wird, daß sich Umgebungsluft einmischt, jedoch der turbulente Schutzgasstrom die Plasmafackel intensiv durchsetzt. Diese Form der Schutzgaszufuhr eignet sich infolge massiver Einschränkungen der Zugänglichkeit und minimalen Standzeiten der Düse nur für Spezialanwendungen.

Voraussetzung, daß das Schutzgas seine Funktion erfüllen kann, ist, daß es ungestört an die Wechselwirkungszone gelangt und nicht durch die Sogwirkung eines Querjets abgesaugt wird. Mit Hilfe computergestützter Simulation konnte dazu ein Querjetkonzept entworfen werden, das, anders als die herkömmlichen Konzepte, die Absaugung der Schutzgase von der Schweißstelle vermeidet.

Dieses Querjetkonzept zeichnet sich gleichzeitig dadurch aus, daß es die Schweißspritzer effizient ablenkt und somit die optischen Komponenten wirkungsvoll schützt. In Experimenten zur Ablenkung der Spritzer konnte nachgewiesen werden, daß der störungsfreie Freistrahl einer Lavalkontur mit zunehmender Geschwindigkeit zu einer verbesserten Ablenkung der Spritzer führt.

3 Schmelzbadströmung und Prozeßstabilität

3.1 Kapitelübersicht

Im vorangegangenen Kapitel konnte gezeigt werden, daß dem Schutzgas zur Unterstützung der Energieeinkopplung beim Laserstrahlschweißen eine besondere Bedeutung zukommt. Der Einfluß des Schutzgases auf die Prozeßstabilität hängt dabei sowohl von der Schutzgas-Zusammensetzung als auch von der Art und Weise der Gaszuführung ab.

Die Wirkung des Schutzgases beschränkt sich jedoch nicht nur auf die Energieeinkopplung, sondern kann sich auch auf die Strömungsverhältnisse im Schmelzbad auswirken. Reaktive Schutzgase verändern beispielsweise die Oberflächenspannung der Schmelze und beeinflussen die Strömungsverhältnisse im Schmelzbad.

Nach einem kurzen Überblick über die Antriebsmechanismen der Schmelzbadströmung ist im folgenden, anhand einer dreidimensionalen Simulation der Strömungsverhältnisse, diskutiert, welchen Einfluß die Oberflächenspannung auf die Strömungsverhältnisse im Schmelzbad nimmt.

3.2 Die Antriebsmechanismen der Schmelzbadströmung

Durch die Relativbewegung von Laserstrahl und Werkstück wird das an der Vorderseite der Dampfkapillare aufgeschmolzene Material gezwungen, um die Dampfkapillare herum zu fließen. In [57] konnte hierzu erstmals experimentell gezeigt werden, daß es beim Laserstrahlschweißen zu einer intensiven Durchmischung der Schmelze kommt. Zu diesem Zweck wurden hochtemperaturschmelzende Wolframkarbid-Partikel in das Schmelzbad gegeben und deren Bahnen röntgenographisch aufgenommen. Erste theoretische Abschätzungen der dabei erreichten Strömungsgeschwindigkeiten ergaben, daß bei der Kapillarumströmung Geschwindigkeiten erreicht werden, die ein Vielfaches über der Schweißgeschwindigkeit liegen [58,60,61,62].

Darüber hinaus wird die Schmelzbadströmung neben der Vorschubbewegung noch von zwei weiteren Effekten angetrieben: durch den Marangoni-Effekt [63] und durch den aus der Kapillare strömenden Metalldampf [10].

Der Antrieb der Strömung durch den Marangoni-Effekt erfolgt durch tangentiale Kräfte an der Schmelzbadoberfläche, vgl. Bild 21. Getrieben durch diese Kräfte, strömen oberflächennahe Schichten aus Gebieten niedriger Spannung in Gebiete höherer Spannung [64]. Ursache dieser Kräfte sind Unterschiede der Oberflächenspannung infolge der Temperaturdifferenzen auf der Schmelzbadoberfläche. Die Abhängigkeit der Oberflächenspannung von der Temperatur wird von der Legierungszusammensetzung [65,66,67,68] und dem zugeführten Schutzgas [69] bestimmt. Ein hoher Schwefelgehalt in einer niedriglegierten Stahlschmelze führt beispielsweise zu einem positiven Temperaturgradienten der Oberflächenspannung und dadurch zu einer in die Tiefe "zirkulierenden" Schmelze und damit zu einer tieferen Schweißnaht.

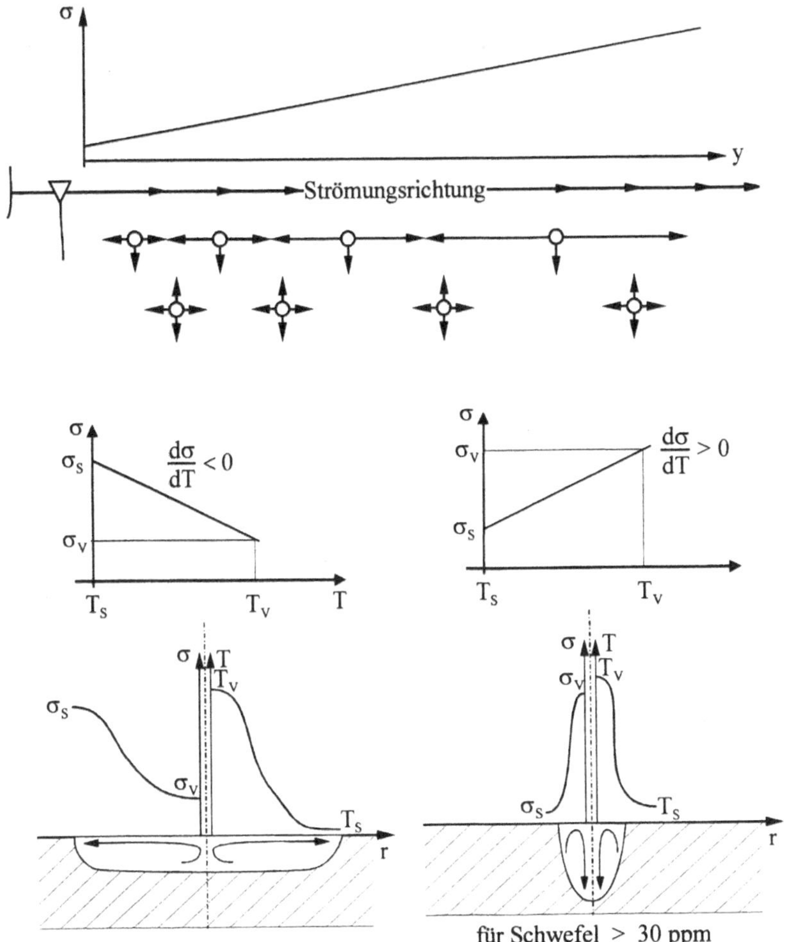

Bild 21:   Die Marangoni-Strömung wird durch Unterschiede in der Oberflächenspannung verursacht (s. oben). Je nach Material kann die Oberflächenspannung mit der Temperatur ab- oder zunehmen, so daß sich entgegengesetzte Strömungsrichtungen im Schmelzbad einer Schweißnaht einstellen und letztlich breitere bzw. tiefere Nähte ergeben.

In [10] wird argumentiert, daß der aus der Kapillare strömende Metalldampf durch Reibung (in der kapillarwandnahen Grenzschicht) Schmelze auf der Kapillaroberfläche mitreißt und ebenfalls die Schmelzbadströmung antreibt. In einer analytischen Abschätzung wird dargelegt, daß die relative Bedeutung aller drei Mechanismen letztlich von der Schweißgeschwindigkeit und dem Material abhängt. So wächst die Bedeutung der Kapillarumströmung mit zunehmender Geschwindigkeit und größer werdender Einschweißtiefe. Sie wächst auch mit abnehmender Temperaturleitfähigkeit und einer geringeren Differenz zwischen Verdampfungs- und Schmelztemperatur des Werkstoffs.

In Übereinstimmung mit experimentellen Arbeiten [70, 71] wird in [10] anhand eines zweidimensionalen numerischen Strömungsmodells gezeigt, daß mit zunehmender Schweißgeschwindigkeit der Eintrag an kinetischer Energie so groß werden kann, daß sich im Schmelzbad hinter der Kapillaren ein "Flüssigkeitsstrahl" bildet, der über das Ende des Schmelzbads hinausschießt, so daß sich auf der Nahtoberraupe periodische Schmelzbadaufwürfe bilden. Zwischen diesen "Humps" fehlt es folglich an Schmelze. Bei Dünnblech kann es sogar zu Löchern zwischen den Humps kommen. Dieser die Schweißgeschwindigkeit begrenzende Effekt wird als Humping bezeichnet. Die Folge dieses Humping-Effekts ist, daß die maximal zu erzielende Schweißgeschwindigkeit nicht durch die zur Verfügung stehende Laserleistung begrenzt wird, sondern durch das Auftreten dieser periodischen "Nahtperforation".

Auf Grundlage der zweidimensionalen Strömungssimulation konnte in [58] gezeigt werden, daß die zum Humping führenden Geschwindigkeitsüberhöhungen in der Schmelze durch eine in Schweißrichtung gestreckte Kapillare (z.B. mit elliptischem Querschnitt) reduziert werden kann. Experimentell bestätigt wurde dieses Ergebnis durch die Zweistrahltechnik, bei der durch zwei hintereinander angeordnete Einzelfoki eine solche Kapillarform erzwungen wurde [59]. Die Grenzgeschwindigkeit, ab der Humping auftritt, hängt demnach nicht nur von den Materialeigenschaften ab, sondern auch von der die Prozeßführung bestimmenden Energieeinkopplung.

Die Oberflächenspannung der Schmelze ist in diesem Zusammenhang in zweierlei Hinsicht von Bedeutung. So wirkt sie nicht nur als "elastische Hülle", die beim Humping ausgeformt wird, sondern sie beeinflußt über den Marangoni-Effekt auch die Strömungszustände im Schmelzbad. Aus experimentellen Untersuchungen ist bekannt, daß sich das temperaturabhängige Verhalten der Oberflächenspannung durch Beimischung von Sauerstoff in das Schutzgas oder durch Zugabe von Schwefel in die Schmelze maßgeblich verändern läßt. Welche Auswirkungen dies auf die Strömungsverhältnisse im einzelnen hat, ist nachfolgend anhand von Simulationsergebnissen der dreidimensionalen Schmelzbadströmung diskutiert.

3.3 Simulation der Schmelzbadströmung

In einem ebenen Modell der Schmelzströmung kann der Einfluß der Oberflächenspannung auf die Strömungsverhältnisse im Schmelzbad nicht erfaßt werden. Im folgenden sind deshalb die Strömungsverhältnisse im Schmelzbad mit Hilfe eines Finite-Elemente-Ansatzes in allen drei Raumrichtungen simuliert.

Ausgehend von einer fest vorgegebenen Kapillargeometrie, deren Abmessungen dem Fokusdurchmesser und der Einschweißtiefe einer realen Schweißung in erster Näherung angepaßt wurden, sind im folgenden die Strömungsverhältnisse im Schmelzbad einer Einschweißung unter Einfluß der Oberflächenspannung und der Kapillarform errechnet.

Die Berechnung der Schmelzbadströmung basiert dabei auf einem FEM-Programm zur Simulation einer stationären, inkompressiblen Strömung [72]. Im vorliegenden Fall einer Strömung ohne innere Energiequellen müssen die Massenerhaltungs-, die Impulserhaltungs- und Energieerhaltungsgleichungen in der folgenden Form gelöst werden:

$$\nabla \mathbf{v} = 0 \qquad\qquad\qquad \text{, Massenerhaltung,} \qquad (1)$$

$$\rho_{fl} \cdot \mathbf{v} \cdot \nabla \mathbf{v} = -\nabla p + \nu_k \cdot \nabla^2 \mathbf{v} \qquad \text{, Impulserhaltung,} \qquad (2)$$

$$\rho_{fl} \cdot c_P \cdot \mathbf{v} \cdot \nabla T = \lambda_w \cdot \nabla^2 T \qquad \text{, Energieerhaltung.} \qquad (3)$$

Neben den in alle drei Raumrichtungen zu berücksichtigenden Bilanzgleichungen besteht das grundsätzliche Problem in der Bestimmung der fest-flüssig Phasengrenze, an der auch die latente Wärme berücksichtigt werden muß und deren Lage ein Teil der Lösung ist.

Eine Möglichkeit hierzu ist es, eine äquivalente spezifische Wärmekapazität $c_p{}^*$ einzuführen:

$$c_p{}^* = \frac{dh}{dT} = c_{p(T)} + L \cdot \delta^* \cdot (T, \Delta T), \qquad\qquad (4)$$

worin die δ^*-Funktion einen großen, aber finiten Wert im Temperaturintervall ΔT und den Wert Null außerhalb des Intervalls annimmt, vgl. Bild 22 (Formelzeichen L bezeichnet in (4) die latente Wärme).

Zur Erfassung der Geschwindigkeitsänderung über die Phasengrenze hinweg wird eine von der Temperatur abhängige Viskosität definiert, die im Bereich der Temperatur des erstarrten Materials einen um ca. sechs Größenordnungen größeren Viskositätswert annimmt. Der Bereich ΔT kennzeichnet dann die errechnete Erstarrungszone, d.h.

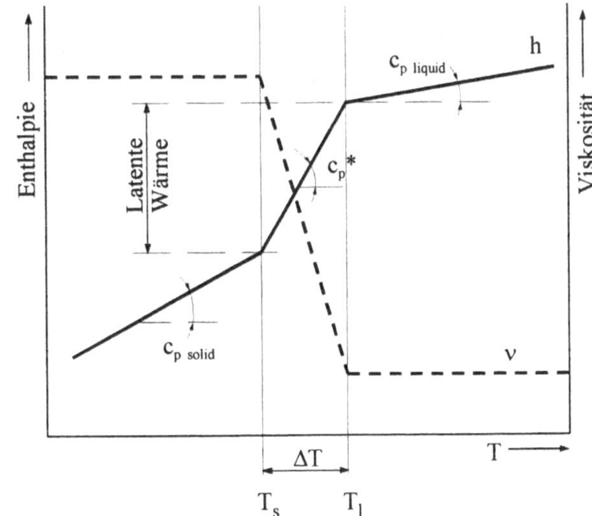

Bild 22: Berücksichtigung der latenten Wärme durch Einführung der äquivalenten spezifischen Wärmekapazität cp*.

durch die Liquidus- und Solidusisotherme wird die Zone, in der die Schmelze erstarrt, eingeschlossen. Durch Einführung dieser äquivalenten spezifischen Wärmekapazität kann das Problem des Sprungs in der Enthalpiekurve umgangen werden. Mit Hilfe dieser Vereinfachung wird das vorliegende Zweiphasenproblem mit Enthalpiesprung auf ein Einphasenproblem mit stark von der Temperatur abhängigen Materialeigenschaften reduziert.

Zur Lösung der Gleichungen (1 bis 3) auf Basis der Finiten-Elemente-Methode muß die betrachtete Geometrie durch ein Netz approximiert werden. Für eine möglichst detaillierte Wiedergabe der zu bestimmenden Freiheitsgrade ist die Geometrie fein aufzulösen. Insbesondere um die Geschwindigkeitsverteilung in Grenzschichten auflösen zu können, müssen die dortigen Knotenabstände der Elemente kleiner als die lokale Grenzschichtdicke sein. Die insgesamt zu erfassende Elementanzahl ist durch die Rechnerkapazität und -leistung vorgegeben, so daß der durch das Netz approximierte Bereich des Werkstücks auf die unmittelbare Umgebung des Schmelzbads beschränkt ist. Es gilt demnach, einen Kompromiß zwischen Netzauflösung und Größe der berücksichtigten Wechselwirkungszone zu finden. Die Netzgröße muß den im Experiment beobachteten Schmelzbadabmessungen unter Berücksichtigung eines Zuschlags angepaßt werden, so daß am Netzrand von einer vernachlässigbaren Erwärmung des Werkstücks ausgegangen werden kann. Der über diesen Rand abfließende und unbekannte Wärmestrom ist dann vernachlässigbar.

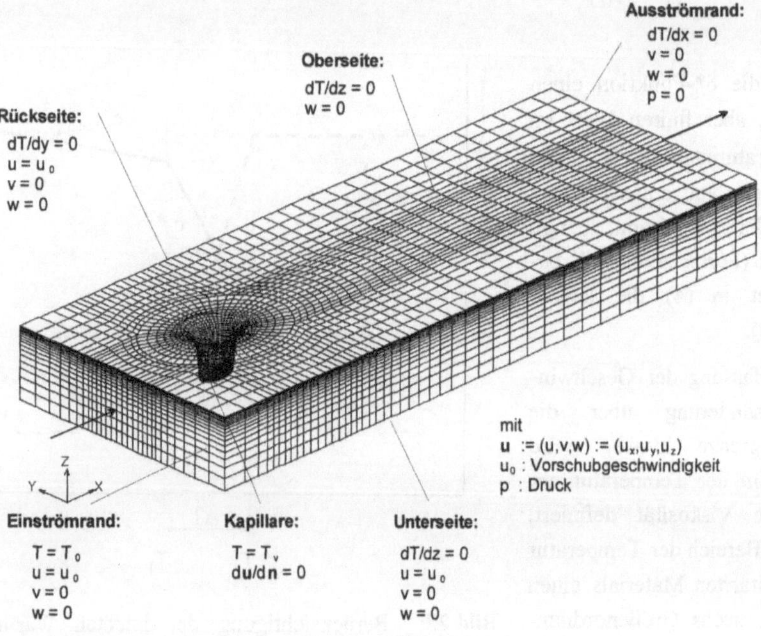

Bild 23: Blockstrukturiertes Rechennetz und Randbedingungen zur Simulation der Strömungsverhältnisse einer Einschweißung [73].

Um die dreidimensionale Kapillarumströmung in einer Einschweißung berücksichtigen zu können, wurde die in Bild 23 gezeigte Netzstruktur generiert und die darin gekennzeichneten Randbedingungen formuliert. Anhand dieser Struktur lassen sich erstmals die Strömungsverhältnisse auch im Bereich des Kapillargrunds berechnen, so daß die Strömungsverhältnisse einer Einschweißung simuliert werden können.

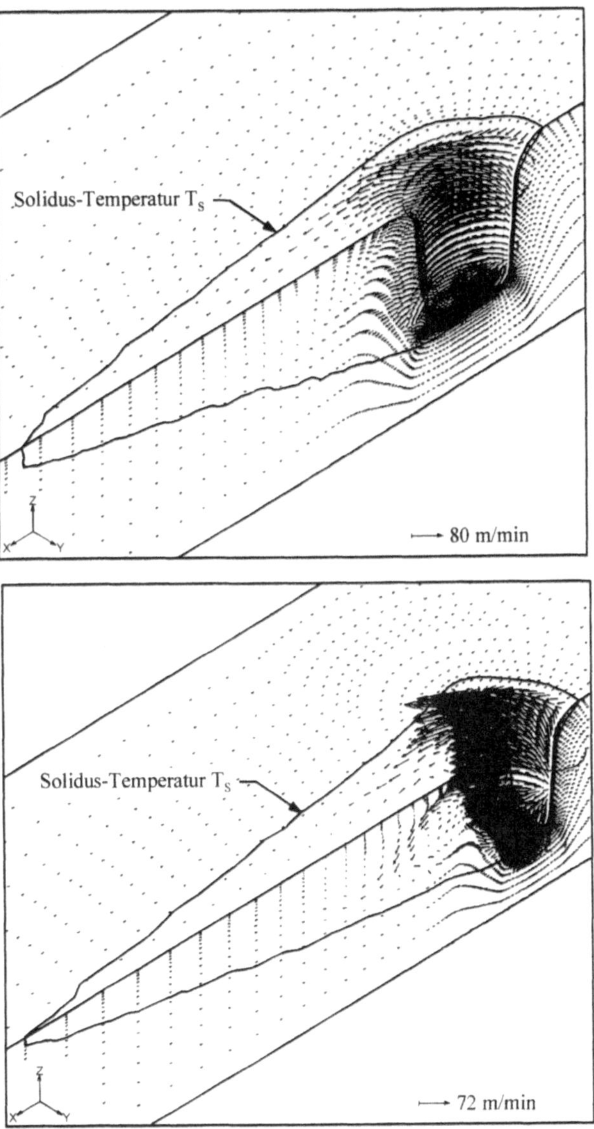

Bild 24: Strömungsverhältnisse einer längs (oben) und einer quer (unten) zur Schweißrichtung orientierten Kapillare mit elliptischem Querschnitt; $v_s = 6$ m/min, $a = 0,365$ mm , $b = 0,6$ mm, $s_m = 2,1$ mm, $P_l = 3$ kW, niedrig legierter Stahl.

Die angenommene Kapillare hat im wesentlichen eine elliptische Grundfläche und einen Divergenzwinkel von 3 bis 5 Grad. Im Bereich der Kapillare, wo starke Gradienten der Strömungsgrößen auftreten können, wurde das Netz stark verfeinert. Eine Netzverfeinerung im Bereich der Erstarrung ist ebenfalls notwendig, um eine numerisch stabile Lösung zu erhalten.

Dieser Ansatz ermöglicht es nun, die Strömung einer Einschweißung zu studieren und einzelne Einflußfaktoren, wie z.B. die Oberflächenspannung, "abzuschalten". Vergleicht man z.B. die Strömungsverhältnisse zweier Schmelzbadströmungen, deren einziger Unterschied darin besteht, daß die Kapillare mit elliptischem Querschnitt einmal längs zur Schweißnaht gerichtet ist und das andere Mal quer gestellt ist, so erkennt man, daß die maximale Strömungsgeschwindigkeit, die lokal an einer bestimmten Stelle im Schmelzbad erreicht wird, im Falle der quer gestellten Kapillare fast um den Faktor zwei höher ist als im Falle der längs orientierten Kapillare. Durch die größere Kapillarvorderfront wird bei einer quer orientierten Kapillare auf der Vorderseite mehr Material aufgeschmolzen, so daß dann auch eine größere Menge Schmelze um die Kapillare strömen muß, vgl. Bild 24. Dies führt letztlich dazu, daß die Schmelzbadlänge um Faktor 1,3 gegenüber der längs orientierten Kapillare länger ist.

Die maximalen Strömungsgeschwindigkeiten treten, wie man es zunächst aufgrund der Querschnittsverengung vermutet, bei beiden Kapillaranordnungen am Kapillaraußenrand auf. Berücksichtigt man jedoch auch die temperaturabhängige Oberflächenspannung der Schmelze, die von der Material- und Schutzgaszusammensetzung abhängen kann, ändert sich das Strömungsfeld und somit auch die Schmelzbadgeometrie wesentlich.

3.3.1   Einfluß der Oberflächenspannung

Gibt man für die in Bild 24 betrachteten Fälle eine Oberflächenspannung mit einem negativen $d\sigma/dT$ zwischen Solidus- und Verdampfungstemperatur vor, so strömt die Schmelze, im Bereich der Oberfläche, von der Kapillare weg. Dieser Fall entspricht dem oxidfreien Schweißen von Reineisen. Befinden sich jedoch Spuren von Schwefel, Phosphor und/oder Eisenoxid in der Schmelze, wird $d\sigma/dT$ positiv und die Schmelze strömt an der Oberfläche auf die Kapillare zu.

Im "Normalfall" dürfte jedoch der Anstieg der Oberflächenspannung mit steigender Temperatur bei Stahl infolge der Eisenoxide realistisch sein. In Bild 25 und Bild 26 sind die Geschwindigkeitsverteilungen inklusive der Schmelzbadisothermen eines berechneten Beispiels dargestellt. Die Rechnung bezieht sich dabei auf die Prozeßparameter von Bild 24. Die eingezeichneten Isothermen entsprechen der Solidustemperatur und markieren die Schmelzbadgrenze. Der Verlauf der temperaturabhängigen Oberflächenspannung entspricht dem von Reineisen.

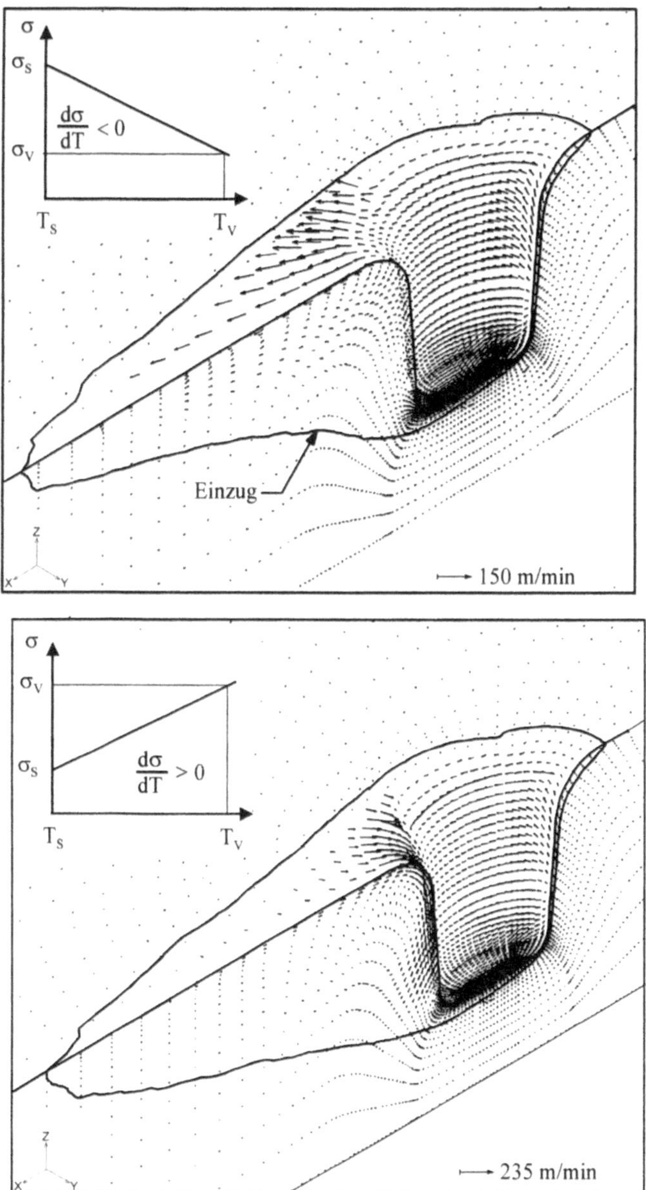

Bild 25: Schmelzbadform und Geschwindigkeitsverteilung unter Berücksichtigung einer temperaturabhängigen Oberflächenspannung und einer in Vorschubrichtung orientierten elliptischen Kapillare.

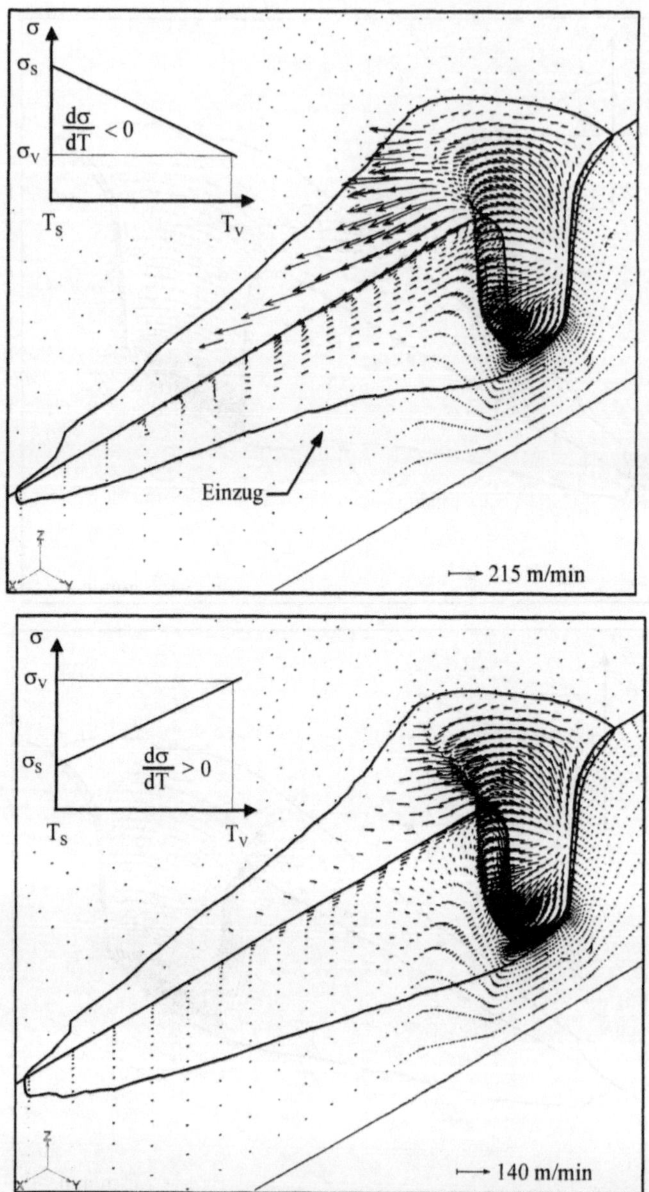

Bild 26: Schmelzbadform und Geschwindigkeitsverteilung unter Berücksichtigung einer temperaturabhängigen Oberflächenspannung und einer quer zur Vorschubrichtung orientierten elliptischen Kapillare.

Betrachtet man die Schmelzbadkontur (erkennbar an der eingezeichneten T_S-Isothermen), fällt auf, daß der Einzug des Schweißnahtgrunds hinter der Kapillaren durch die Marangoni-Strömung verursacht wird und nur bei negativem $d\sigma/dT$ auftritt.

Unabhängig von den einzelnen Unterschieden im Strömungsfeld und in der Schmelzbadform der betrachteten Simulationsergebnisse unterstreichen diese Ergebnisse, daß es in der Schmelzbadströmung lokal zu Geschwindigkeiten kommen kann, die die Schweißgeschwindigkeit nicht nur um ein Vielfaches, sondern um mehr als eine Größenordnung übertreffen.

3.4 Schmelzbaddynamik

Die vorstehend diskutierten Simulationsergebnisse beschreiben stationäre Strömungsverhältnisse, die auf einer fest vorgegebenen Kapillargeometrie aufbauen. Diese Vorgabe birgt die Vereinfachung, daß die Energieeinkopplung durch die Plasmafackel in die Kapillare hinein konstant ist und vernachlässigbaren Schwankungen unterliegt.

Je nach Material und Prozeßparameter beobachtet man beim Laserstrahlschweißen jedoch durchaus Prozeßschwankungen [74-77], die nicht mit Schwankungen der Bearbeitungsparameter (Laserleistung, Geschwindigkeit etc.) korreliert werden können [78, 79]. Während man beim Schweißen von beispielsweise Edelstählen von einem quasistationären Schweißprozeß sprechen kann, beobachtet man beim Schweißen von Aluminiumlegierungen deutliche Fluktuationen der Plasmafackel, Schwankungen der Einschweißtiefe (Spiking) und starke Schmelzbadbewegungen. Letztere werden in [80] auf Fluktuationen der Dampfkapillare zurückgeführt.

Die Ursache der Dynamik des Laserstrahlschweißprozesses wird in der Kopplung mehrerer nichtlinearer dynamischer Teilsysteme gesehen [14], so daß kleinste Fluktuationen der Laserleistung oder des Strahlprofils den Prozeß derart beeinflussen können, daß die Plasmafackel verändert wird und über die Energieeinkopplung somit Störungen der Kapillarstabilität induziert werden (siehe dazu auch [6]). Diese Störungen setzen sich dann im Schmelzbad fort und werden je nach Viskosität der Schmelze mehr oder weniger gedämpft werden. Insbesondere beim Schweißen von Aluminiumlegierungen, deren Viskositätswerte durchschnittlich nur 50 % der Viskosität von Stahllegierungen erreichen, erscheint die Schmelzbadbewegung in Hochgeschwindigkeitsaufnahmen mit 2000 Bildern/s "chaotisch" [81].

Bei einer Bildfolge von 13500 Bildern/s erkennt man jedoch, daß die bei 2000 Bildern/s aufgenommenen Schmelzbadbewegungen nicht so chaotisch sind, wie sie zunächst scheinen, sondern wiederkehrende Bewegungsmuster erkennen lassen. Die Bewegung der Schmelzbadoberfläche, wie sie typischerweise beim Schweißen von Aluminiumlegierungen zu beobachten ist, ist in Bild 27 in Einzelbildern einer solchen Hochgeschwindigkeitsaufnahme abgebildet. Diese Sequenz kann in abgedruckter Form die Dynamik der Oberflächenbewegung leider nur eingeschränkt wiedergeben. Zur besseren Erklärung der darin zu beobachtenden Bewegung der Oberfläche sind die zu erkennenden Strukturen und Formen in der Draufsicht schematisch skizziert. Ausgehend vom Rand der Kapillare, wölbt sich die Schmelze kissenartig auf und läuft etwa in der Mitte der Naht auf eine Linie zusammen. Von dieser Linie an unterschneidet die Schmelzbadoberfläche dann das "Kissen" und läuft in Wellen gegen das Schmelzbadende an.

In den Sequenzen von Bild 27 ist deutlich zu erkennen, daß die Schuppen der Nahtoberraupe durch das Auflaufen der Wellen auf das schon erstarrte Material entstehen. Unter Umständen werden auch Wellen an der "Brandung" reflektiert und überlagern sich mit der von der Kapillare ausgehenden neuen Welle, so daß es zu einem Hin- und Herschwappen des Schmelzbades kommt. Ob und in wieweit es zu einer solchen Überlagerung der Wellen und damit letztlich einer schlechten Schmelzbad- und Prozeßstabilität kommt, hängt von der Schmelzbadgröße und -form sowie der Viskosität der Schmelze ab. Die Schmelzbadabmessungen bzw. das Schmelzbadvolumen sind für einen festen Energieeintrag maßgeblich durch die Differenz der Solidus- und Liquidustemperatur und der Wärmeleitfähigkeit bestimmt, vgl. Abschnitt 3.3.

Aus dieser Beobachtung heraus ist es evident, daß die Stabilität der Schmelzbadströmung und damit die des Schweißprozesses über die Kapillarbewegung und -umströmung mittelbar an die thermophysikalischen Kenngrößen (T_s, T_L, ν, λ_w) des Materials gekoppelt ist.

3.5 Kapitelzusammenfassung

Ausgehend von der Fragestellung, welchen Einfluß die Oberflächenspannung auf die Schmelzbadströmung hat, wurden mit Hilfe eines FEM-Ansatzes die dreidimensionalen Strömungsverhältnisse im Schmelzbad einer Einschweißung simuliert.

Dabei konnte festgestellt werden, daß

- die lokal im Schmelzbad erreichten Strömungsgeschwindigkeiten bis zu einer Größenordnung über der Schweißgeschwindigkeit liegen können und

- die Oberflächenspannung abhängig vom Vorzeichen des Temperaturgradienten der Oberflächenspannung maßgeblich das Geschwindigkeitsfeld verändert und die Charakteristik der Schmelzbadform bestimmt (Einzug der Schmelzbadrückseite).

Ferner konnte anhand von Hochgeschwindigkeitsaufnahmen mit 13500 Bildern/s gezeigt werden, daß

- die beim Schweißen zu beobachtenden Schuppen auf der Nahtoberraupe auf Wellen im Schmelzbad zurückzuführen sind, die beim Anlaufen gegen die Schmelzbadrückseite erstarren.

Entscheidend an diesen Erkenntnissen ist, daß die Strömungsverhältnisse im Schmelzbad das Produkt der wechselseitigen Beeinflussung von Energieeinkopplung und Kapillarausbildung sind sowie von den thermophysikalischen Kennwerten des Materials und dem verwendeten Schutzgas abhängen.

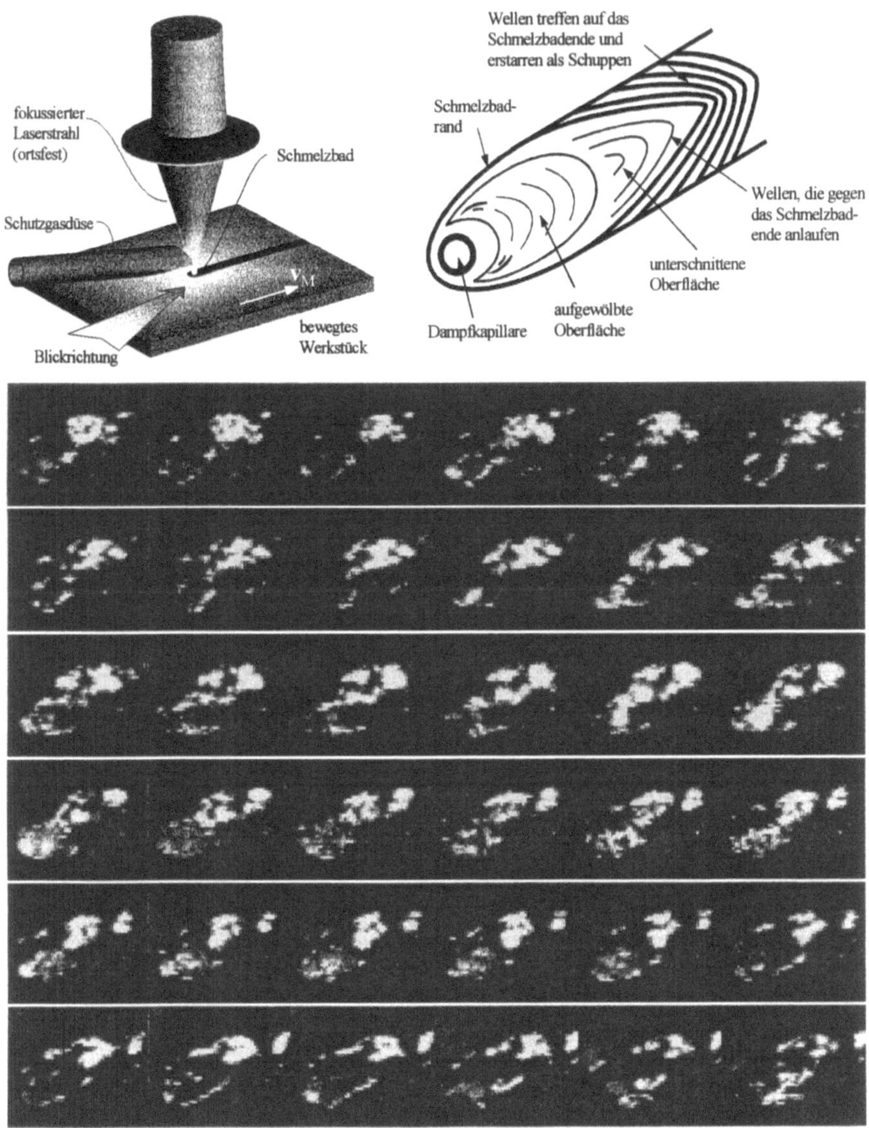

Bild 27: Hochgeschwindigkeitsaufnahmen der Schmelzbadbewegung lassen erkennen, daß die Schuppen auf der Nahtoberraupe durch Wellen in der Schmelze verursacht werden, die gegen das Schmelzbadende anlaufen und dabei erstarren (aufgenommen mit einem Versuchsaufbau von [82]).

Die Strömungsverhältnisse bzw. die Schmelzbadstabilität beim Verschweißen eines bestimmten Materials lassen sich demnach bislang nicht ohne Veränderung der Energieeinkopplung beeinflussen (mit Ausnahme durch Zuführung von Zusatzdraht).

Könnte man die Viskosität der Schmelze künstlich und ohne die Legierungszusammensetzung zu ändern erhöhen, dann ließen sich die Schmelzbadbewegungen stabilisieren. Eine Möglichkeit hierzu bieten magnetofluiddynamische Mechanismen. Im folgenden ist deshalb die Nutzung dieser Mechanismen beim Laserstrahlschweißen näher untersucht.

4 Magnetofluiddynamische Mechanismen

4.1 Kapitelübersicht

Wie im vorangegangenen Kapitel ausgeführt wurde, kommt es beim Laserstrahlschweißen im Schmelzbad zu komplexen und gegebenenfalls instationären Strömungszuständen, die sich auf die Schmelzbadstabilität und letztlich die erzielte Nahtqualität auswirken. Die sich einstellenden Strömungszustände sind das Ergebnis der wechselseitigen Beeinflussung zwischen Kapillarausbildung (Energieeinkopplung) und der Umströmung der Kapillare sowie der Marangoni-Strömung. Die Strömungszustände lassen sich demnach nur mittelbar über die Prozeßparameter beeinflussen.

Ideal wäre es, ließe sich die Strömung unabhängig von den eingestellten Prozeßparametern so formen, daß lokal stark überhöhte Strömungsgeschwindigkeiten im Schmelzbad nicht mehr zu Humping führen. Ferner wäre es insbesondere beim Schweißen von Aluminium von Vorteil, könnte man die Viskosität der Aluminiumschmelze künstlich, ohne Veränderung der Legierungszusammensetzung erhöhen. Störungen in Form von Wellen im Schmelzbad würden dadurch besser gedämpft, und ein Durchsacken der Naht könnte ebenfalls erschwert werden. Eine Möglichkeit, diese Eigenschaften in gewünschter Weise zu verändern, bieten magnetofluiddynamische Mechanismen (MFM).

In den folgenden Abschnitten ist deshalb untersucht, inwieweit sich der Laserstrahlschweißprozeß mittels magnetofluiddynamischer Mechanismen beeinflussen läßt. Nach einer phänomenologischen Beschreibung von MFM wird kurz auf die Grundlagen zur Anwendung dieser Mechanismen eingegangen. Daran anschließend sind in Kapitel 5 experimentelle Beobachtungen bei der Anwendung dieses Prinzips beim Laserstrahlschweißen erörtert.

4.2 Phänomenologische Beschreibung

Die Magnetofluiddynamik (MFD) beschreibt die Kraftwirkung und Bewegung elektrisch leitender Fluide in Magnetfeldern. Dabei geht es um diejenige Kraft, die auf ein von elektrischem Strom durchflossenes Medium wirkt, wenn dieses einem Magnetfeld ausgesetzt wird. Die MFD ist demnach auch in nicht magnetischen Stoffen wirksam, sofern sie elektrisch leitend sind. Hierzu zählen Stoffe wie Gase, Flüssigkeiten, organische Stoffe, Kunststoffe und Metalldampf sowie fast alle Metalle, die nicht zu den weich- und hartmagnetischen Stoffen gezählt werden.

Die MFM finden insbesondere in Plasmaströmungen, bei MFD-Generatoren und der Förderung von Metallschmelzen[(2] in MFD-Pumpen Anwendung.

---

[2] Die Schmelztemperatur liegt immer über der Curie-Temperatur [83] – der Temperatur, bei der ein ferromagnetischer Werkstoff seinen Magnetismus verliert. Benannt nach Marie Curie. Für Eisen liegt dieser bei 769 °C [84].

Das Prinzip mit einem strömenden und elektrisch leitenden Fluid durch Anlegen eines Magnetfeldes Strom zu erzeugen, hat schon 1919 Petersen in Gestalt eines MFD-Generators vorgeschlagen [85]. Das Problem dabei ist allerdings ein im Vergleich zu der bekannten mechanischen Bauart schlechterer Wirkungsgrad (bedingt durch technische Probleme), so daß sich ein derartiger Generator bis heute nicht durchgesetzt hat.

Material	Elektrische Leitfähigkeit σ_l in $1/(\Omega \cdot m)$
Destilliertes Wasser	$\approx 10^{-4}$
Schwache Elektrolyte	10^{-4} bis 10^{-2}
Starke Elektrolyte	10^{-2} bis 10^{2}
Wasser + 25 % NaCl (20 °C)	21,6
H_2SO_4 100 % (20 °C)	73,6
Schmelzflüssige Metalle	10^{6} bis 10^{7}
Stahl (1500 °C)	$7 \cdot 10^{6}$
Quecksilber (20 °C)	10^{6}
Aluminium (700 °C)	$5 \cdot 10^{6}$
Natrium (400 °C)	$6 \cdot 10^{6}$
Metalle im festen Zustand	10^{6} bis 10^{8}
Stahl (20 °C)	$\approx 10^{6}$
Natrium (20 °C)	$\approx 10^{7}$
Kupfer (20 °C)	$\approx 6 \cdot 10^{7}$

Tabelle 2: Elektrische Leitfähigkeit verschiedener Materialien im Vergleich zu Elektrolyten und destilliertem Wasser.

Die Tabelle 2 zeigt (im Vergleich zu der Leitfähigkeit von Elektrolyten), daß gerade Metallschmelzen eine Leitfähigkeit aufweisen, die bis auf eine Größenordnung an die des festen Kupfers heranreicht. Die Leitfähigkeiten von Aluminium- oder Eisenschmelzen sind demnach gute Voraussetzungen für die Anwendung der MFD auf das Schweißen von Metallen.

Es sind im wesentlichen zwei Effekte der MFD, die in einer elektrisch leitenden Schmelzströmung unter dem Einfluß eines stationären Magnetfelds zu beobachten sind:

- Das Geschwindigkeitsprofil der Strömung wird verändert und

- turbulente Strömungen werden laminarisiert.

Das Bestechende an diesen Effekten und deren Wirkungen auf die Strömung ist, daß sie berührungslos durch ein externes Magnetfeld ein- und ausgeschaltet oder gar gesteuert werden können.

Bei den Lichtbogen-Schweißverfahren (MIG, MAG, WIG [3]) kennt man die MFM schon länger. Dort hat man aufgrund der ins Material eingetragenen Stromstärken generell elektromagnetische Kräfte innerhalb der Schmelze zu berücksichtigen [86]. Im Einzelfall nützt man

---

[3] Metall-Inertgasschweißen, Metall-Aktivgasschweißen sowie Wolfram-Inertgasschweißen zählen zur Gruppe der Schutzgasschweißverfahren des Lichtbogenschweißens [4].

diese Ströme auch dazu, um mit Hilfe eines externen Magnetfelds einen Nahtdurchhang oder ein Abtropfen der Schmelze unter starkem Gravitationseinfluß beim Schweißen in "Wandposition" zu vermeiden [87, 88]. Im Falle des WIG-Schweißens beobachtet man durch ein geeignet zum Lichtbogen gerichtete Magnetfeld auch eine Stabilisierung des Lichtbogens [89].

Der Energieeintrag des Laserstrahls erfolgt jedoch nicht elektrisch, sondern thermisch, von einer unmittelbaren Beeinflussung des Laserstrahls durch das angelegte Magnetfeld ist deshalb nicht auszugehen. Bei der Nutzung magnetofluiddynamischer Mechanismen beim Laserstrahlschweißen geht es zunächst darum festzustellen, ob die direkt in der Schmelze induzierten elektromagnetischen Kräfte ausreichen, um den Schweißprozeß zu verändern.

4.3 Grundlagen

Die Magnetofluiddynamik beschreibt das Verhalten eines elektrisch leitenden Fluids unter Einfluß eines Magnetfelds. Zur Erklärung der dabei wirksamen Mechanismen wird in Anlehnung an einschlägige Literatur auf eine vereinfachte Darstellung aus [90] Bezug genommen. Dabei wird von der Vorstellung ausgegangen, daß sich ein homogenes Medium der elektrischen Leitfähigkeit σ_l in den unendlichen Raum erstreckt und von einem externen Magnetfeld $\mathbf{B_e}$ in z-Richtung durchsetzt wird, vgl. Bild 28. Eine sich in x-Richtung bewegende Schicht innerhalb dieses Mediums (nur diese Schicht ist in Bild 28 skizziert) hat mit dem umgebenden Medium einen elektrisch idealen Kontakt.

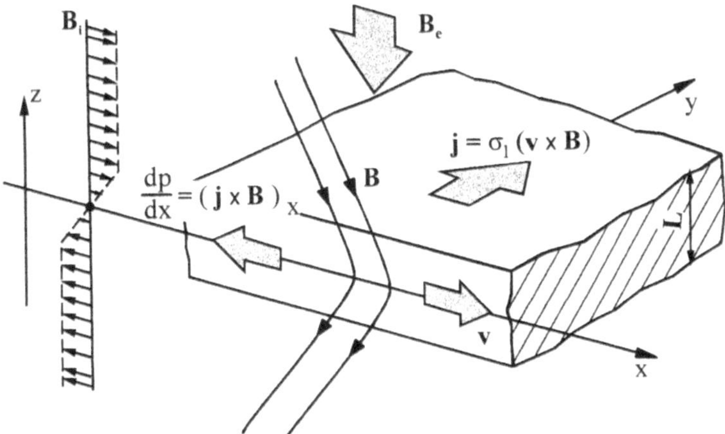

Bild 28: Darstellung der magnetofluiddynamischen Mechanismen am Beispiel einer sich in x-Richtung bewegenden, leitenden Schicht. An Ober- und Unterseite ist sie von einem elektrisch ideal mit der Schicht verbundenen Medium umgeben (der Übersicht wegen ist das die Schicht umgebende Medium nicht eingezeichnet).

Aufgrund der Bewegung im Magnetfeld $\mathbf{B}$ wird in dieser Schicht ein elektrisches Feld induziert:

$$\mathbf{E_i} = (\mathbf{v} \times \mathbf{B}). \qquad ^{(4} \qquad\qquad (5)$$

Dadurch entsteht im elektrisch leitenden Material ein elektrischer Strom der Dichte

$$\mathbf{j} = \sigma_l \, (\mathbf{v} \times \mathbf{B}). \qquad\qquad (6)$$

Der entsprechende Strom fließt in der Schicht dann in y-Richtung und verläuft zur Hälfte oberhalb und zur Hälfte unterhalb der Schicht über das umgebende Medium zurück (in Bild 28 nicht gezeigt). Dieser Strom erzeugt nun seinerseits das eingezeichnete Magnetfeld $\mathbf{B_i}$ (wird deshalb als induziert gekennzeichnet), das natürlich mit dem externen Magnetfeld $\mathbf{B_e}$ vektoriell zu addieren ist. Deshalb ist in (5) das aus $\mathbf{B_e} + \mathbf{B_i}$ resultierende Magnetfeld $\mathbf{B}$ eingesetzt.

Die elektrische Stromdichte erzeugt in Wechselwirkung mit dem Magnetfeld eine an jedem Volumenelement des Fluids angreifende elektromagnetische Kraft (Lorentzkraft), die im vorliegenden Fall dem Druckgradienten der in x-Richtung strömenden Schicht entgegenwirkt:

$$\frac{dp}{dx} = (\mathbf{j} \times \mathbf{B})_x . \qquad\qquad (7)$$

Konform zur Lenzschen Regel ist der induzierte Strom im Fluid also derart gerichtet, daß die entstehende Kraft der Induktionsursache – der Bewegung – entgegenwirkt.

Grundsätzlich lassen sich nun alle Strömungen in einen laminaren oder in einen turbulenten Strömungszustand einteilen. Dies gilt ebenso für Strömungen elektrisch leitender Fluide unter Einwirkung eines Magnetfelds. Auch wenn die beteiligten magnetofluiddynamischen Mechanismen in beiden Strömungszuständen dieselben sind, so sind deren Effekte jedoch unterschiedlich.

Der Einfluß eines Magnetfelds auf das Strömungsverhalten eines elektrisch leitenden Fluids wird in der Literatur überwiegend anhand einer laminaren Kanalströmung diskutiert. Die ersten und wesentlichsten Untersuchungen hierzu wurden schon 1937 von dem dänischen Physiker J. Hartmann veröffentlicht. In diesem Zusammenhang spricht man deshalb meist von der sogenannten Hartmann-Strömung und von der diese Art von Strömung charakterisierenden dimensionslosen Hartmann-Zahl.

Zur Charakterisierung der Auswirkungen eines Magnetfelds auf ein turbulentes Strömungsregime wurde in der MFD-Literatur die Stuart-Zahl eingeführt. Bei Stuart-Zahlen größer eins kommt es zu einer anisotropen Dissipation der Wirbel einer Strömung.

Das Prinzip der MFD und deren unterschiedliche Auswirkungen auf die Strömungszustände sind in den folgenden Kapiteln diskutiert und in Hinblick auf die Einflußgrößen beim Laserstrahlschweißen von Aluminium und Stahl abgeschätzt.

---

[4] $\mathbf{E_i}$ bezeichnet hier lediglich den Ausdruck $\mathbf{v} \times \mathbf{B}$. Das Ohmsche Gesetzt $\mathbf{j} = \sigma_l \, (\mathbf{E} + \mathbf{v} \times \mathbf{B})$ ist dann in der besonderen Form $\mathbf{j} = \sigma_l \, (\mathbf{E} + \mathbf{E_i})$ zu schreiben.

4.3.1   Hartmann-Strömung

Die Hartmann-Strömung beschreibt die Veränderung des Geschwindigkeitsprofils einer stationären laminaren Kanalströmung unter Einfluß eines quer zur Strömungsrichtung überlagerten Magnetfelds. Sie dient hier einer ersten Abschätzung, inwieweit die Schmelzbadströmung beim Laserstrahlschweißen durch Anwendung der MFM beeinflußt werden kann. Das Prinzip der Beeinflussung der stationären laminaren Kanalströmung wird deshalb anhand Bild 29 im folgenden näher erklärt.

Herrscht am Kanaleintritt ein laminarer Strömungszustand, dann kann man von einem parabolischen Geschwindigkeitsprofil $v(y)$ ausgehen. Im homogenen Magnetfeld $\mathbf{B}$ wird durch die Bewegung des Fluids ein elektrisches Feld $\mathbf{E}_i(y) = v(y) \times \mathbf{B}$ induziert. Dies ist in der betrachteten Konfiguration immer in positiver z-Richtung gerichtet. Infolge der Geschwindigkeitsverteilung $v(y)$ ist die elektrische Feldstärke in der Kanalmitte am stärksten. Selbst wenn die Wände des Kanals ideal isoliert sind, fließt aufgrund der elektrischen Feldverteilung ein elektrischer Strom in der y-z-Ebene. Dieser ist in der Mitte des Kanals wie das elektrische Feld gerichtet und fließt entgegen dem kleineren elektrischen Feld am Kanalrand in negativer z-Richtung zurück. Über den Kanalquerschnitt ist dieser Strom in Summe null.

Dieser elektrische Strom erwirkt nun seinerseits elektromagnetische Kräfte $\mathbf{j}(y,z) \times \mathbf{B}$, die dann parallel zur x-Achse gerichtet sind. Gemäß der Orientierung der elektrischen Stromdichtevektoren $\mathbf{j}(y,z)$ resultieren daraus Kräfte, die in der Kanalmitte die Strömung bremsen und das Fluid am Rand beschleunigen. Unter idealen Laborbedingungen und wenn der Einfluß des $\mathbf{B}$-Feldes ausreichend stark ist (Hartmann-Zahl Ha > 1, vgl. Kap. 4.3.1.1), erzielt man durch das angelegte Magnetfeld eine in der Mitte des Querschnitts reduzierte Geschwindigkeit und eine erhöhte Geschwindigkeit in den Randbereichen.

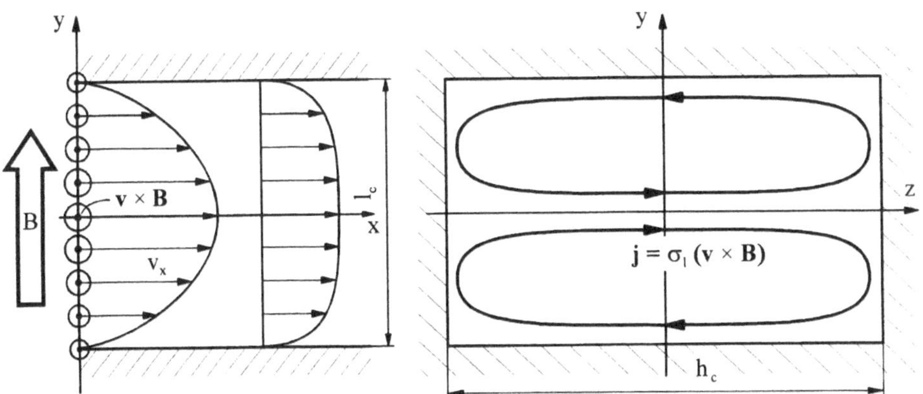

Bild 29:   Prinzip, nach dem ein Magnetfeld auf eine stationäre laminare Kanalströmung wirkt (Hartmann-Strömung).

4.3.1.1 Hartmann-Zahl

Zur ausführlichen Herleitung der Hartmann-Zahl sei auf [91] verwiesen. Anschaulich beschreibt die Hartmann-Zahl Ha das Verhältnis zwischen der elektromagnetischen Kraft und der Reibung, ähnlich der Reynoldszahl Re, die in der technischen Strömungslehre das Verhältnis der konvektiven Trägheit zur Reibung wiedergibt.

Die Hartmann-Zahl ist demnach definiert als:

$$Ha = B_0 \cdot l_c \sqrt{\frac{\sigma_l}{\rho_{fl} \cdot \nu_{fl}}} \quad . \tag{8}$$

Entsprechend der Definition dieser dimensionslosen Kennzahl läßt sich deren Betrag für Aluminiumschmelzen und Eisenschmelzen leicht abschätzen. Zu beachten ist dabei, daß die Hartmann-Zahl die speziellen Strömungsverhältnisse in einem rechteckigen Kanal der Tiefe l_c beschreibt. Beim Laserstrahlschweißen ist in Anlehnung daran die erzielte Schmelzbadbreite als Charakteristikum für das Strömungsfeld heranzuziehen.

Mit den in Tabelle 3 aufgeführten gemittelten Werkstoffeigenschaften reiner Aluminium- und Eisenschmelzen errechnet sich der in Bild 30 skizzierte Verlauf der Hartmann-Zahl über der aufgebrachten Magnetfeldstärke. Als charakteristische Längen sind hier Schmelzbadbreiten von 1 mm bis 3 mm eingesetzt.

	Aluminium für 930 K < T < 2800 K	Eisen für 1800 K < T < 3200 K
Elektrische Leitfähigkeit in $1/(\Omega m)$	$5 \cdot 10^6$	$0,7 \cdot 10^6$
Mittlere Dichte in kg/m³	$2,1 \cdot 10^3$	$7,0 \cdot 10^3$
Mittlere kinematische Viskosität in m²/s	$2,4 \cdot 10^{-7}$	$4,9 \cdot 10^{-7}$

Tabelle 3: Mittlere Leitfähigkeit $\bar{\sigma}_l$, Dichte $\bar{\rho}_{fl}$ und kinematische Viskosität $\bar{\nu}_{fl}$ einer reinen Aluminium- oder Eisenschmelze [92].

Aus den Kurven wird deutlich, daß eine Aluminiumschmelze im Vergleich zu einer Eisenschmelze leichter durch ein Magnetfeld beeinflußt werden kann. Ihre Dichte bzw. kinematische Viskosität beträgt nur die Hälfte derjenigen der Eisenschmelze. Die zur wirksamen Beeinflussung benötigten Feldstärken liegen durchaus im Bereich der technisch realisierbaren Magnetfelder (bei Aluminium ca. 0,1 T, bei Eisen bis 0,3 T).

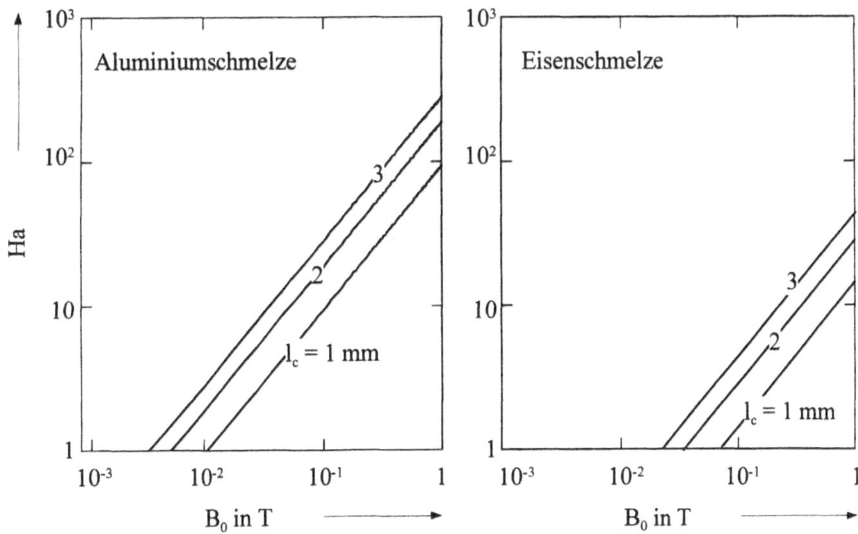

Bild 30: Hartmann-Zahlen in Abhängigkeit der wirkenden Magnetfeldstärke für charakteristische Schmelzbadbreiten l_c.

Diese Abschätzung zeigt, daß das Verhältnis der "induzierten" elektromagnetischen Kraft zur viskosen Reibung im Rahmen der technisch realisierbaren Feldstärken deutlich über eins liegt und daß deshalb durch Einsatz eines Magnetfelds beim Laserstrahlschweißen von einer Beeinflussung der Geschwindigkeitsverteilung im Schmelzbad auszugehen ist.

Solche homogenen Geschwindigkeitsprofile (wie in Bild 29 skizziert) zeigen sich beim Laserstrahlschweißen nicht. Dies liegt daran, daß erstens das Strömungsfeld (auch ohne Magnetfeld) recht komplex ist und daß zweitens die aufgebrachten Magnetfelder aus technischen Gründen nicht ideal homogen sein können. Mindestens am Eintritt und am Austritt, wo das Fluid in das Magnetfeld eintritt oder es dieses verläßt, ist das Magnetfeld inhomogen. In Bild 31 ist dies durch verschieden große **B**-Feldvektoren dargestellt. Es ist offensichtlich, daß dadurch am Ein- und Austritt komplexe elektrische Feldverteilungen $E_i = \mathbf{v} \times \mathbf{B}$ induziert werden. Effektiv werden am Eintritt geringere und mit zunehmender Magnetfeldstärke größere E-Felder induziert (dargestellt durch die unterschiedlich großen E_i-Vektoren). Diese Felder initiieren dann Ströme, wie im Bild 31 schematisch durch die Ellipsen dargestellt.

Aufgrund des inhomogenen Magnetfelds wirkt der Strom am Eintritt einschnürend und zunächst beschleunigend, dann wieder stärker verzögernd (gekennzeichnet durch die großen und kleinen **j** x **B** -Vektoren). Am Austritt gilt das Gleiche in umgekehrter Weise. In Summe überwiegt aber die Verzögerung in der Mitte, und man beobachtet ein M-förmiges Geschwindigkeitsprofil.

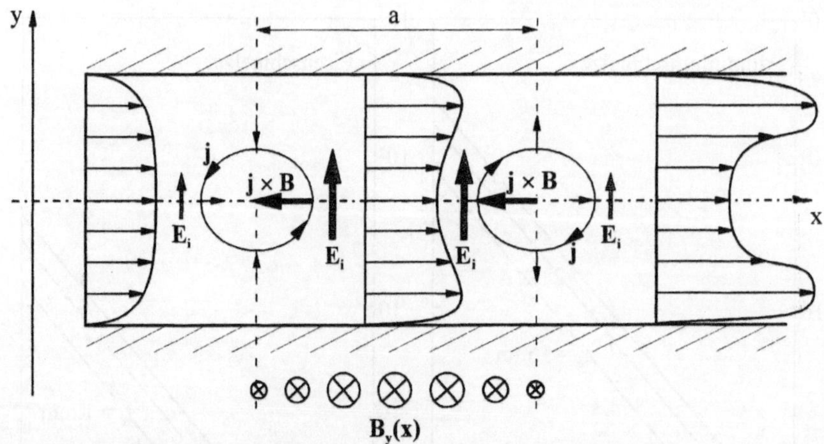

Bild 31:   Inhomogene Magnetfelder führen zu einem M-förmigen Geschwindigkeitsfeld
            der Hartmann-Strömung.

Für das Laserstrahlschweißen ist dieses M-förmige Geschwindigkeitsprofil deshalb besonders
interessant, da es gerade im Schmelzstrom in der Mitte hinter der Kapillaren zu den höchsten
Geschwindigkeiten kommt. Dort können so hohe Geschwindigkeiten erreicht werden, daß ein
Teil der Schmelze in Form eines Fluidstrahls aus dem Schmelzbad herausschießt und Naht-
aufwürfe sowie Humping verursacht [71, 76]. Eine Verzögerung dieses Schmelzstroms durch
Anwendung der MFD könnte dazu beitragen, daß die maximalen Schweißgeschwindigkeiten
bei gleichbleibender Qualität zu steigern sind.

4.3.2   Laminarisierung durch MFD

In turbulenten Strömungen durchmischen sich die Schichten eines Fluids stark. Die Bewegung der Fluidteilchen erfolgt nicht mehr in geordneten Schichten. Die einzelnen Teilchen
strömen entlang zeitlich veränderlicher Stromlinien. Typisch für turbulente Strömungen sind
Wirbel. Sie umfassen Gebiete, in denen Teilchen kreis- oder schraubenförmige Stromlinien
durchlaufen. Charakterisiert werden können diese Wirbel durch einen Wirbelvektor $\mathbf{w_e}$, der
senkrecht auf der Wirbelebene steht.

Der prinzipielle Einfluß eines Magnetfelds auf einen solchen Wirbel ist anhand Bild 32 erklärt. Vereinfachend sei angenommen, daß der Wirbel um einen Wirbelvektor $\mathbf{w_e}$ dreht, der in
y-Richung zeigt und senkrecht zum $\mathbf{B}$-Feldvektor orientiert ist. Das $\mathbf{B}$-Feld weist zunächst in
negative z-Richtung.

Die Wirbelbewegung induziert ein elektrisches Feld $\mathbf{E_i} = \mathbf{v} \times \mathbf{B}$, siehe Ansicht 1. Dadurch
wird der in der y-z-Ebene skizzierte elektrische Strom der Dichte $\mathbf{j}$ erzeugt. Diese Stromdichte
bewirkt gemäß $\mathbf{j} \times \mathbf{B}$ eine elektromagnetische Kraft, und zwar derart, daß sie der Ursache –
der Bewegung $\mathbf{v}$ – entgegenwirkt (dargestellt in Ansicht 2) und den Wirbel bremst.

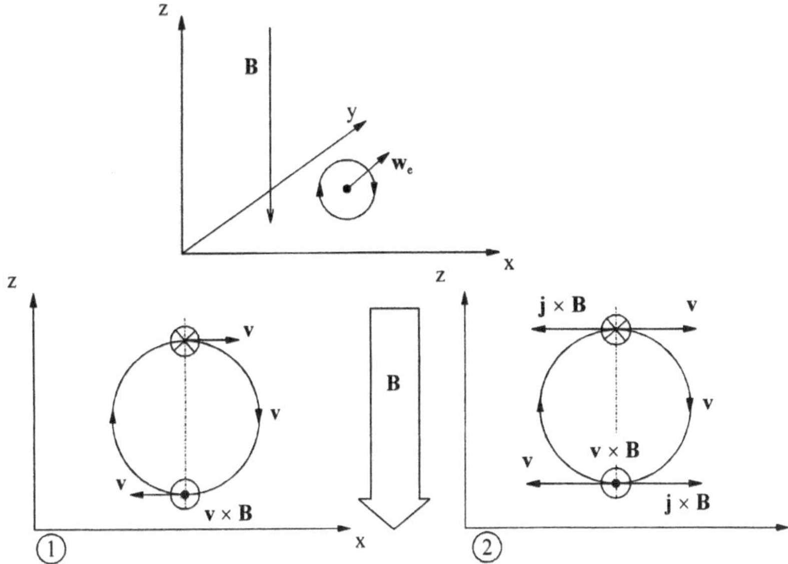

Bild 32:   Prinzip der Wirbeldissipation durch Magnetfeldeinwirkung, wenn der Wirbel-
            vektor und der **B**-Feldvektor senkrecht zueinander stehen.

Ändert man das Vorzeichen des äußeren Magnetfelds, d.h. der **B**-Feldvektor wird umgedreht, so ändert sich zwar die Richtung des elektrischen Feldes E_i und die Richtung der erzeugten Stromdichte **j**. Die Wirkung, eine entgegen der Bewegung wirkende elektromagnetische Kraft, die den Wirbel bremst, bleibt erhalten.

Betrachtet man nun den Fall, daß der **B**-Feldvektor parallel zum Wirbelvektor steht, so erkennt man in Bild 33, daß zu jedem elektrischen Feldstärkevektor **v** x **B** ein entgegengesetztes E_i-Feld induziert wird, welches das gegenüberliegende Feld aufhebt. In Summe ist das elektrische Feld dann null, und es fließt kein Strom.

Dies hat zur Folge, daß Wirbel, deren Wirbelvektoren parallel zum **B**-Feld orientiert sind, nicht gebremst werden und unbeeinflußt bleiben. Anzumerken bleibt, daß auch in dieser Konstellation von **B**-Feld- und Wirbelvektor eine Änderung des **B**-Feldvorzeichens effektlos bleibt und daß sich dabei lediglich die induzierten Komponenten des elektrischen Felds E_i umdrehen, vgl. Bild 34.

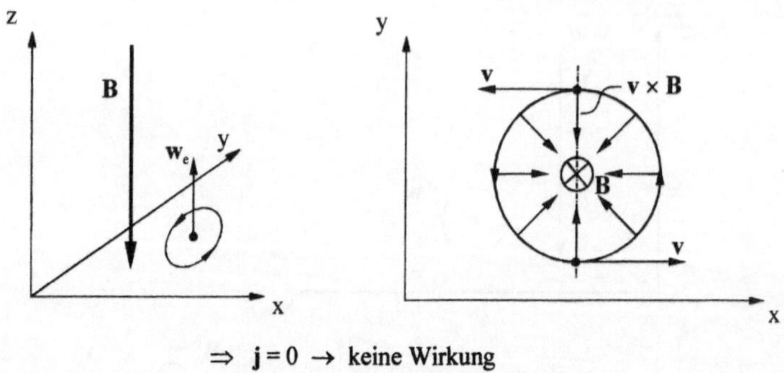

$$\Rightarrow \quad j = 0 \quad \rightarrow \quad \text{keine Wirkung}$$

Bild 33:   Ist der Wirbelvektor parallel zum **B**-Feldvektor orientiert, bleibt das Magnetfeld ohne Wirkung auf den Wirbel.

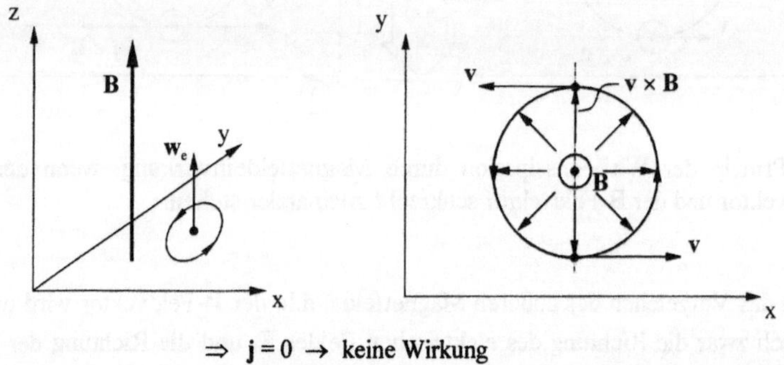

$$\Rightarrow \quad j = 0 \quad \rightarrow \quad \text{keine Wirkung}$$

Bild 34:   Unabhängig vom Vorzeichen des **B**-Felds bleibt der Wirbel bei paralleler Orientierung von **B**-Feldvektor und Wirbelvektor w_e unbeeinflußt, vgl. Bild 33.

Im Falle einer voll turbulenten Strömung verlaufen die Stromlinien natürlich nicht definiert in Ebenen. Ferner sind ihre Bahnen instationär. Nach der oben vereinfacht geschilderten Wirkungsweise des **B**-Felds ist es einleuchtend, daß dieses Wirkprinzip Bewegungen in der Ebene senkrecht zum **B**-Vektor unbeeinflußt läßt und die Komponenten der Bewegung in die anderen Richtungen dämpft.

In diesem Zusammenhang spricht man auch von einer Zweidimensionalisierung oder einer Laminarisierung der Strömung. Dies als Laminarisierung zu bezeichnen ist insofern nicht ganz korrekt, da die Strömung nicht in jeder Richtung in geordneten Schichten verläuft. Man könnte diesen Effekt besser mit der Wirkung einer künstlichen anisotropen Viskosität vergleichen.

Ferner hat sich in genaueren Untersuchungen gezeigt [90], daß ein Teil der kinetischen Energie der aufgelösten Wirbel an das Geschwindigkeitsprofil abgegeben wird und tendenziell die kleineren Wirbel Energie an die größeren abgeben. Dies steht im Gegensatz zu den Beobachtungen zur Turbulenz ohne Einfluß der MFD, vgl. Bild 35.

Auch wenn dies anhand der Ausführungen selbstverständlich erscheint, ist es für die weitere Diskussion wesentlich, darauf hinzuweisen, daß die beschriebenen Wirkungsweisen nicht vom Vorzeichen des **B**-Felds abhängen, sondern allein von der räumlichen Lage des **B**-Felds relativ zur Strömungsrichtung.

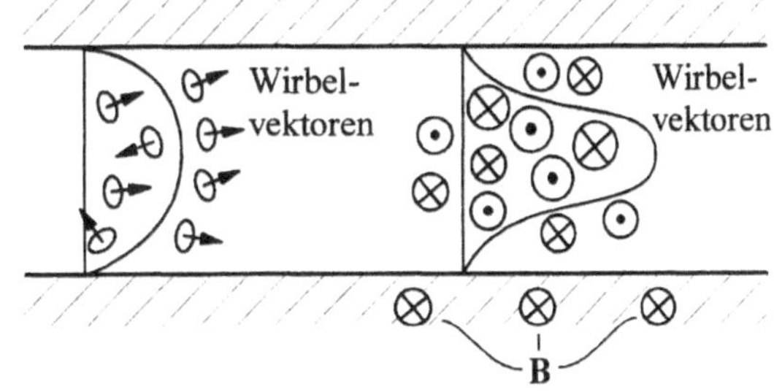

Bild 35: Auswirkung der Zweidimensionalisierung auf das Geschwindigkeitsfeld einer turbulenten, elektrisch leitenden Strömung unter Einfluß eines Magnetfelds [90].

4.3.2.1   Stuart-Zahl

Nachdem die Wirkungsweise der Zweidimensionalisierung erörtert wurde, interessieren nun die Prozeßparameter und Feldstärken, bei denen sich dieser Mechanismus tatsächlich in der Strömung auswirkt. Zur Abschätzung dient dazu die Stuart-Zahl Ns. Sie bezeichnet das Verhältnis der Zeit, in der der Wirbel seine kinetische Energie verliert, zu der Wechselwirkungszeit, in der die Strömung dem **B**-Feld ausgesetzt ist.

Die Stuart-Zahl kann aus der Navier-Stokes-Gleichung unter Berücksichtigung der elektromagnetischen Kräfte abgeleitet werden [91]. Danach ergibt sich die Stuart-Zahl zu:

$$\mathrm{Ns} = \frac{\sigma_l \cdot B_0^{\;2} \cdot l_c}{\rho_{fl} \cdot v_s} \quad . \tag{9}$$

Demnach muß für Ns > 1 eine Beeinflussung der Strömung deutlich zu beobachten sein.

Im folgenden ist die Stuart-Zahl bei verschiedenen Magnetfeldstärken und charakteristischen Geschwindigkeiten zunächst für Aluminium und dann für Stahl abgeschätzt. Für reines Aluminium ergibt sich mit den in Tabelle 3 notierten mittleren Werkstoffeigenschaften der in Bild 36 skizzierte Verlauf der Stuart-Zahl über der Vorschubgeschwindigkeit, die hier als charakteristische Strömungsgeschwindigkeit dienen soll. Die Schmelzbadlänge dient dabei als charakteristische Länge und wird parametrisch in den Diagrammen aufgetragen.

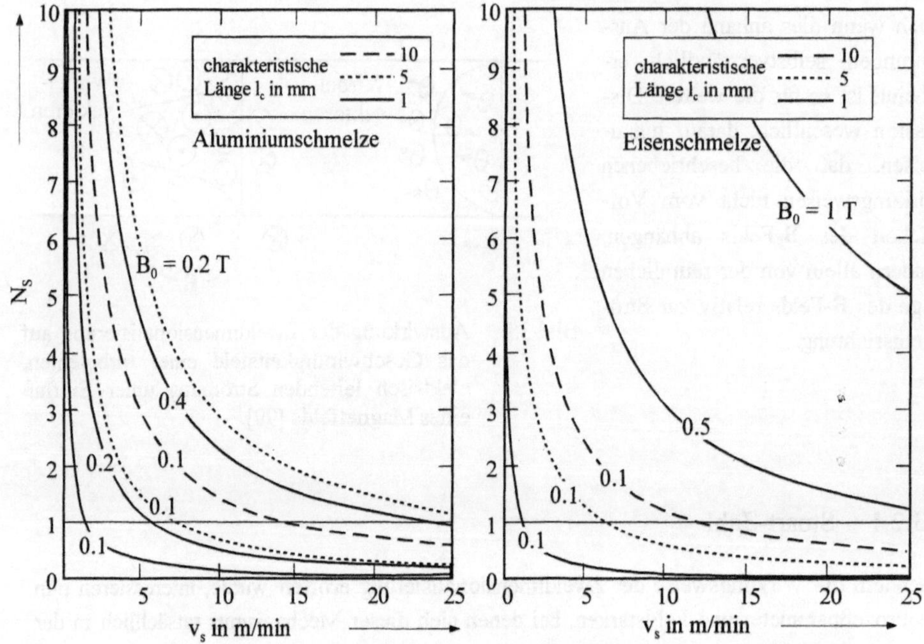

Bild 36:   Stuart-Zahl Ns für Aluminium- und Eisenschmelze in Abhängigkeit der Vorschubgeschwindigkeit für verschiedene Magnetfeldstärken sowie charakteristische
Längen.

Die für Ns = 1 in den Diagrammen eingezeichnete horizontale Grenze macht deutlich, daß
eine die Strömung laminarisierende Wirkung des **B**-Felds begrenzt ist. Insbesondere in Berei-
chen der Strömung, in denen die Schmelze deutlich schneller als mit der Vorschubgeschwindigkeit strömt, werden Magnetfeldstärken > 0,5 T benötigt.

Aus technischen und physikalischen Gründen sind die erzielbaren Magnetfeldstärken jedoch
begrenzt. Bei Aluminiumwerkstoffen sind bestenfalls 0,2 T zu erreichen, und bei ferromagnetischen Werkstoffen gelangt man bis ca. 0,3 T [5]. Der im Aluminium-Diagramm für
B = 0,4 T und der im Eisen-Diagramm für B = 0,5 T eingezeichnete Graph dient der Diskussion, welcher Einfluß zu erzielen wäre, wenn die wirksame Feldstärke diesen Wert erreichen
könnte.

Für Eisen und für ein **B**-Feld der Stärke 0,5 T zeigt der Verlauf der Stuart-Zahl, daß die Wirbeldissipation bis zu Strömungsgeschwindigkeiten von über 25m/min wirksam ist.

---

[5] Gemessen in einem Spalt (12 mm x 3 mm) einer 6 mm dicken Platte aus StE 690 gemäß Anordnung in Bild 41.

4.3.2.2   Prozeßfenster der Laminarisierung

Das Prozeßfenster, in dem das aufgebrachte Magnetfeld laminarisierend wirken kann, ist nach unten
durch die Mindestgeschwindigkeit begrenzt, bei der
die Strömung in einen turbulenten Strömungszustand
umschlägt. Nach oben wird das Fenster durch die
Maximalgeschwindigkeit bestimmt, bei der Stuart-
Zahlen kleiner eins eintreten, vgl. Bild 37.

Der Umschlag einer laminaren Strömung in eine turbulente Strömung wird im allgemeinen durch die
Reynoldszahl der Strömung gekennzeichnet. Eine den
speziellen Strömungszustand in der Schmelzbadströmung charakterisierende Reynoldszahl ist aus der
Literatur nicht bekannt. Ein Vergleich mit einer Rohrströmung, bei der im allgemeinen bei einer Re > 2300
von einer turbulenten Strömung ausgegangen wird, ist

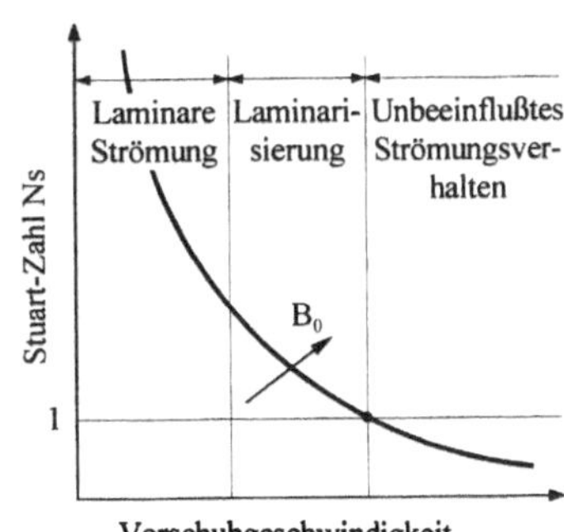

Bild 37:   Prinzipielle Begrenzung
des Prozeßfensters, in der
die MFM eine Laminari-
sierung der Strömung er-
wirken können.

hier nicht zulässig. Die Umströmung der Kapillaren und die Begrenzung der Strömung durch
die Erstarrungszone läßt dies nicht zu.

Für den späteren Vergleich mit anderen Schweißparametern sind die für die oben genannten
Längenskalen resultierenden Re-Zahlen abgeschätzt. Mit den in Tabelle 3 angegebenen mittleren Viskositäten ergibt sich nach

$$Re = \frac{v_s \cdot l_c}{\nu_k} \tag{10}$$

der in Bild 38 für verschiedene Schmelzbadbreiten l_c dargestellte Verlauf.

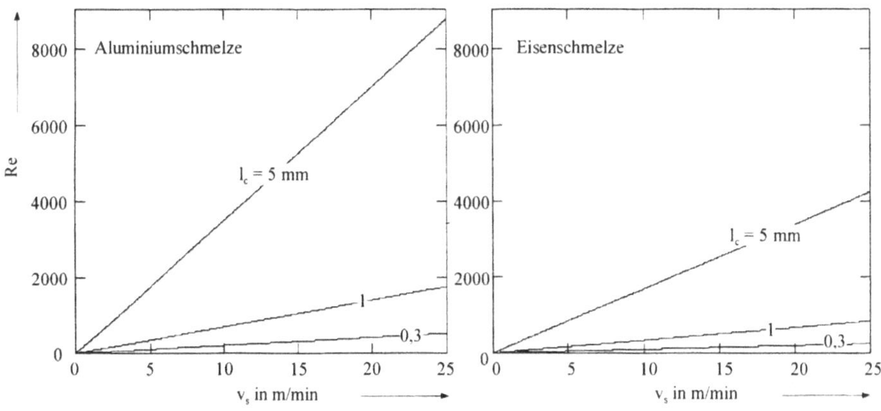

Bild 38:   Reynoldszahlen Re für Aluminium- und Eisenschmelzen in Abhängigkeit der
Vorschubgeschwindigkeiten bei verschiedenen typischen Abmessungen.

4.3.3 Kapitelzusammenfassung

Abhängig vom unbeeinflußten Strömungszustand – einer laminaren oder turbulenten Strömung – wirkt die MFD in unterschiedlicher Weise. Mit der Hartmann-Strömung konnte gezeigt werden, daß durch das Magnetfeld das Geschwindigkeitsfeld einer laminaren Strömung homogenisiert oder das Geschwindigkeitsprofil "M"-förmig wird. Effektiv aber steigt in jedem Falle der Strömungswiderstand. Bei der Unterdrückung der Turbulenz (Laminarisierung) hingegen wird ein Teil der kinetischen Energie der aufgelösten Wirbel in das Geschwindigkeitsfeld der Strömung transferiert. Der Gesamtwiderstand der Strömung wird dabei effektiv verringert.

Die quantitativen Abschätzungen der Hartmann- und der Stuart-Zahl haben ergeben, daß prinzipiell beide Effekte zum Tragen kommen. Welcher dieser Effekte tatsächlich beim Laserstrahlschweißen überwiegt, dürfte schwer zu klären sein. Die Diskussion der MFD und deren Effekte auf Strömungen haben jedoch gezeigt, daß es vielversprechend ist, die MFM beim Laserstrahlschweißen auszunützen. Je nachdem, welcher Einfluß der MFD überwiegt, könnten dadurch Übergeschwindigkeiten im Schmelzbad reduziert oder die Strömung könnte beruhigt werden. Ein quer zur Schmelzbadströmung orientiertes Magnetfeld im Bereich von 0,1 T bis 0,3 T, abhängig vom Material, sollte dazu ausreichen. Das Vorzeichen des Magnetfelds spielt nach den beschriebenen magnetofluiddynamischen Mechanismen keine Rolle. Ausschlaggebend ist die Lage des **B**-Felds im Raum und dessen Betrag.

5 Magnetisch gestütztes Laserstrahlschweißen (MGL)

Die im Kapitel 4 zu den MFM durchgeführten Abschätzungen lassen erwarten, daß der Laserschweißprozeß unter Einwirkung eines Magnetfelds günstig zu beeinflussen ist. Durch die "anisotrope künstliche" Viskosität beispielsweise könnten Schmelzbadinstabilitäten gedämpft und damit die Schweißnahtqualität verbessert werden.

Angesichts der Unsicherheiten bei den theoretischen Abschätzungen ist es das Experiment, das die Vorteile des Laserstrahlschweißens unter Einfluß eines Magnetfelds bestätigen muß. Unter den nachstehenden Überschriften ist deshalb anhand experimenteller Untersuchungen gezeigt, daß diese Erweiterung des Laserstrahlschweißens neues Verfahrenspotential erschließt. In diesem Zusammenhang ist diese Verfahrensvariante des Laserstrahlschweißens als magnetisch gestütztes Laserstrahlschweißen (MGL) bezeichnet.

5.1 Form der Prozeßführung

Grundsätzlich sind beim magnetisch gestützten Laserstrahlschweißen Magnetfeldorientierungen in alle Raumrichtungen möglich. Deren technischer Realisierung sind allerdings konstruktive Grenzen gesetzt. Zwei Grundsätze des Magnetismus machen dies deutlich: Die magnetischen Feldlinien sind immer geschlossen, und der magnetische Widerstand der Luft ist ca. 100 mal größer als in einem guten magnetischen Leiter (z.B. Trafoblech). Dies hat technisch gesehen zur Konsequenz, daß die Abstände der Pole möglichst klein sein sollten. Um im Schmelzbad möglichst große Feldstärken zu erreichen, müssen die Magnete also nahe an der Wechselwirkungszone positioniert werden. Gleichzeitig muß die Wechselwirkungszone für den fokussierten Laserstrahl und das Schutzgas frei zugänglich sein. Die beim Schweißen erzielten Temperaturen und die kaum zu vermeidende Streustrahlung und Wärmestrahlung heizen die Pole jedoch schnell auf solche Temperaturen auf, daß Permanentmagnete derart belastet werden, daß deren Magnetfeldstärke empfindlich abnimmt. Eine Temperatur von nur 210 °C reduziert beispielsweise die Feldstärke der Permanentmagnete schon auf 20 % der Nennfeldstärke [93]. Höhere Temperaturen verursachen dauerhafte Schädigungen des Materials und machen den Magneten unbrauchbar. Die Curie-Temperatur und damit die Entmagnetisierung liegt bei maximal 310 °C [6].

Von elektrischem Strom durchflossene Spulen sind nicht temperaturempfindlich und sind für das MGL deshalb besser geeignet. Sie bieten gleichzeitig die Möglichkeit, die Feldstärke und Polung des erzeugten Magnetfelds durch Ändern des Spulenstroms zu variieren.

Primär bieten sich deshalb drei Magnetfeldorientierungen an. In Analogie zum Hartmann-Effekt ist das Magnetfeld so auszurichten, daß es quer zur Schweißrichtung wirkt und die gesamte Schmelzzone erfaßt. In Bild 39 entspricht dies der Ausrichtung des **B**-Felds parallel zur x-Achse.

---

[6] Angaben beziehen sich auf "höher" temperaturfeste Neodym-Eisen-Bor-Magnete.

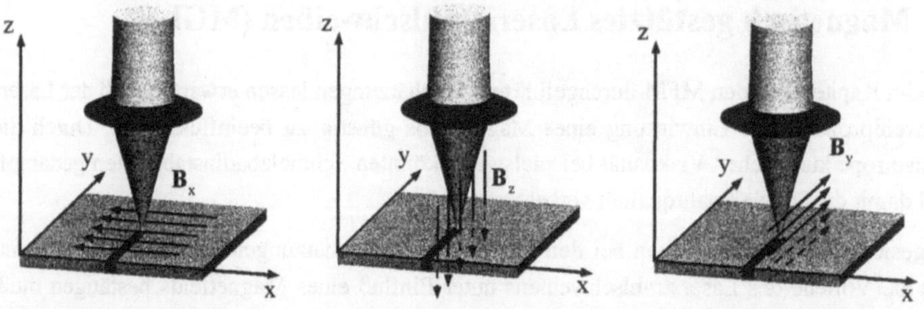

Bild 39:   Die drei primären Varianten des magnetisch gestützten Laserstrahlschweißens
            (MGL) bestimmen sich aus der räumlichen Anordnung der Magnetfelder.

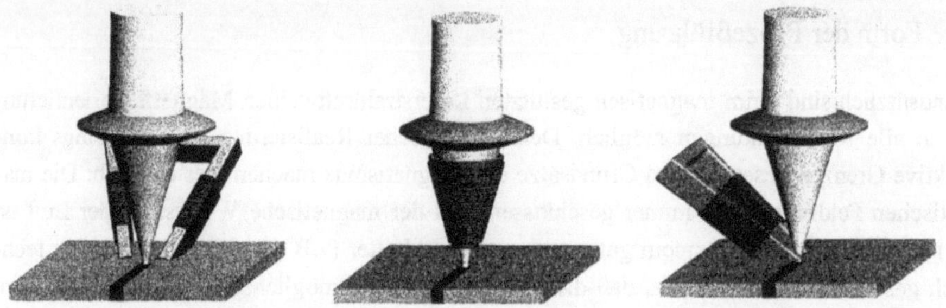

Bild 40:   Realisierbare Spulenanordnungen zur Integration in die Prozeßführung beim
            Laserstrahlschweißen.

Neben einer koaxialen Spulenanordnung für ein normal zum Werkstück wirkendes Feld ist
die Quer- und Längsanordnung mit einer klassischen "U-Konfiguration" zu erzielen. Problematisch dabei ist aus Zugänglichkeitsgründen die Längsanordnung B_y, vgl. Bild 40. Da das
Schmelzbad im allgemeinen einige Male länger als breit ist (Faktor 3 bis 10), muß der Polab-
stand auf mindestens ca. 15 mm vergrößert werden. Die dazwischen erzielbaren Feldstärken
erreichen bis zu 0,01 T und liegen damit um mehr als eine Größenordnung unter den nötigen
Feldstärken.

5.1.1   Technische Realisierung

Zur Untersuchung der grundsätzlichen Zusammenhänge des MGL genügt schon eine relativ
einfache Versuchsanordnung. Hierzu wird in einer klassischen Elektromagnet-Anordnung
(Bild 41) das Joch durch das Werkstück ersetzt, so daß der magnetische Fluß über das Werkstück fließt. Im Falle ferro- und weichmagnetischer Werkstoffe unterbricht lediglich die
Schmelzbadumgebung (begrenzt durch die Isotherme der Curie-Temperatur) den magneti-

schen Fluß, so daß man in der Wechselwirkungszone die höchsten technisch zu erzielenden Feldstärken erreicht.

Dies ist sicher eine Konfiguration, die wenig Flexibilität in bezug auf besondere Schweißaufgaben bietet, aber einfach zu realisieren ist und zur Durchführung von Grundsatzversuchen bestens geeignet ist.

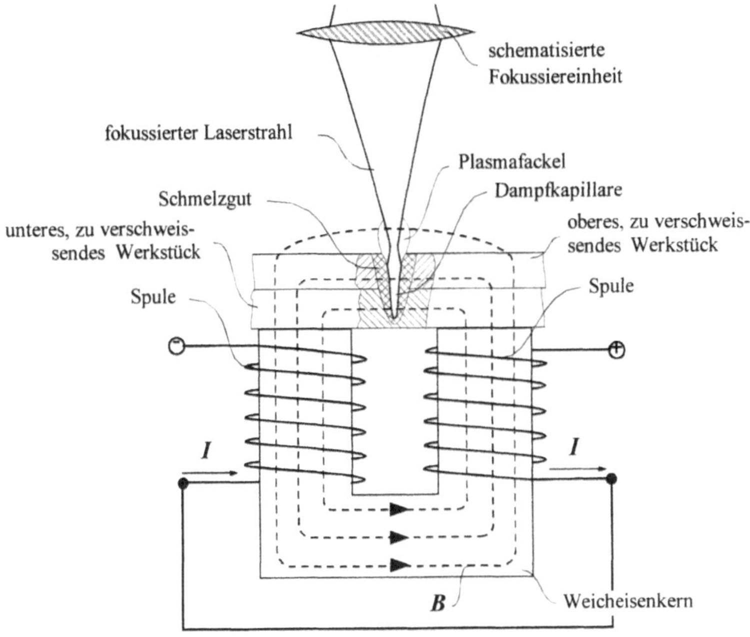

Bild 41:   Versuchsanordnung zur Untersuchung der Wirksamkeit des magnetisch gestützten Laserstrahlschweißens (MGL).

In Anhang 7.2 sind Messungen zur Feldstärkeverteilung unter- und oberhalb der Wechselwirkungszone bei dieser Konfiguration aufgeführt. Sie zeigen, daß mit einer derartigen Anordnung Feldstärken im Bereich der gemäß Kapitel 4 für die Wirksamkeit der MFD beim Laserstrahlschweißen benötigten Werte erzielt werden.

In der Praxis des Laserstrahlschweißens versucht man, wo immer möglich, die Schweißnahtwurzel von z.B. Spannmittel und Schutzgaszuführungen freizuhalten. Eine solche Anordnung würde die Anwendung des MGL-Verfahrens auf ebene Blechprofile einschränken. Hohlprofile, wie Aluminium-Strangpreßprofile, die zunehmend in Leichtbaukonstruktionen zum Einsatz kommen, wären damit nicht zu bearbeiten.

Eine praktikablere Anordnungen ist in Bild 40 skizziert und ermöglicht eine flexiblere Prozeßführung. Eine solche, mit einem Kern aus Trafoblechen realisierte "Triangel"-Anordnung ist in Bild 42 im Einsatz gezeigt.

Wie in Anhang 7.2, Bild 82 ausgeführt ist, konnte damit im Bereich der Wechselwirkungszone eine mit der "Trafo"-Anordnung vergleichbare Feldstärke erzielt werden.

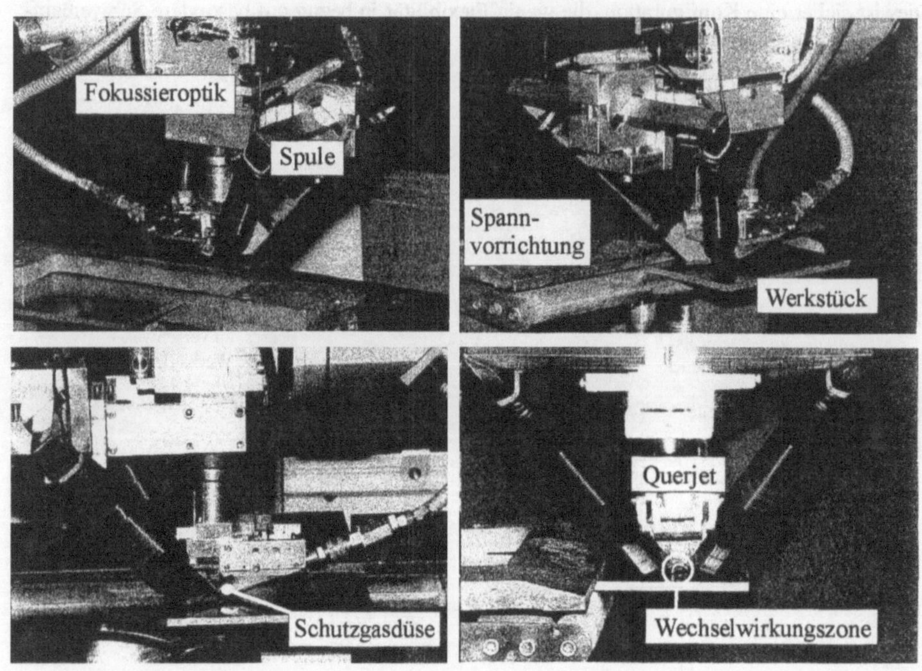

Bild 42:   Eine "Triangel"-Anordnung der Spulen ermöglicht eine Prozeßführung ausschließlich von der Oberseite des Werkstücks und bietet damit mehr Flexibilität beim MGL als die einfache "Trafo"-Anordnung.

5.1.2   Verschiebung der Humping-Grenze

In Kapitel 3 zur Schmelzbadströmung und Prozeßstabilität konnte gezeigt werden, daß die maximale Schweißgeschwindigkeit beim Laserstrahlschweißen durch den Humping-Effekt begrenzt wird. Ursache des Humping-Effekts sind die im Strömungsfeld des Schmelzbads weit über die Schweißgeschwindigkeit reichenden Geschwindigkeiten. Mittels der MFM sollte dieses Geschwindigkeitsfeld veränderbar sein. Es ist deshalb naheliegend, die Wirkung der MFD zunächst beim Laserstrahlschweißen am Humping-Effekt zu erproben.

Bei Einschweißungen ohne Magnetfeld in Feinkornbaustahl StE 650 bei einer Laserleistung von 7 kW und den in Bild 43 angegebenen Prozeßparametern trat ab Geschwindigkeiten > 16 m/min Humping auf, vgl. Bild 43 Naht Nr. 20/II und 21/II. Zwischen diesen beiden

Nähten gibt es keinen Unterschied. Die zweite Naht dient der Absicherung, daß bei unveränderten Prozeßparametern das gleiche Ergebnis reproduzierbar ist.

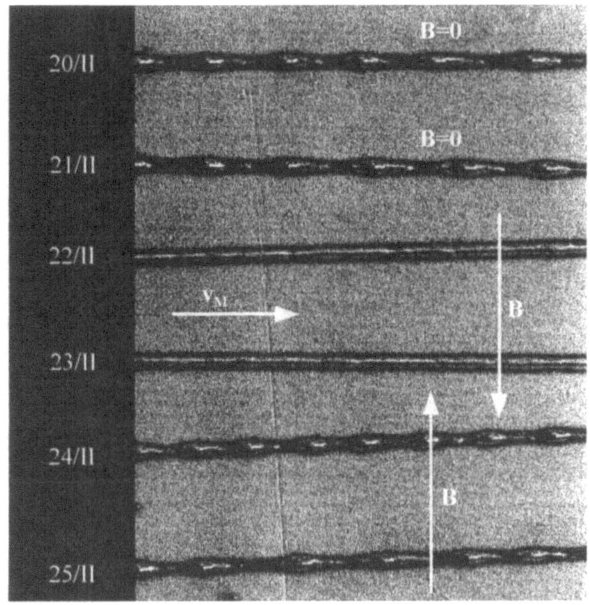

Bild 43: MGL vermindert oder verstärkt Humping, je nach Orientierung des B-Felds. CO_2-Laser TLF 12000, zirkular polarisiert, $P_L = 7\,kW$, $v_M = 16\,m/min$, $w_f = 0,3\,mm$, $f = 200\,mm$, $z_f = 0\,mm$, He: 1500 l/h, Ar: 1500 l/h, B = 0,3 T.

Unverkennbar ist, daß es weder bei Naht Nr. 22/II noch bei Naht 23/II zu Humping kommt. Beide Nähte wurden unter Einfluß eines quer zur Schweißrichtung zugeschalteten Magnetfelds erzeugt (Orientierung siehe Bild 43). Diese Ergebnisse bestätigen die Wirksamkeit der MFD beim Laserstrahlschweißen und zeigen, daß unter den gegebenen Prozeßbedingungen durch Anlegen eines derart orientierten Magnetfelds Humping unterdrückt werden kann.

Bei dieser Konfiguration und Feldstärke konnte in einer Versuchsreihe mit schrittweise gesteigerter Geschwindigkeit festgestellt werden, daß erst bei einer Schweißgeschwindigkeit von > 19,5 m/min Humping auftritt. Dies entspricht einer Steigerung der Humping-Grenzgeschwindigkeit um ca. 20 %.

Die Humping-Grenzgeschwindigkeit ist keine absolute Größe. Unter anderen Fokussierbedingungen, Zusammensetzungen des Schutzgases und einer anderen Art der Schutzgaszuführung der Gasmischung und Zuständen der Materialoberfläche etc. sind noch höhere Grenzgeschwindigkeiten zu erreichen.

Überraschend an diesem Experiment ist das Ergebnis der Naht Nr. 24/II [7]. Obwohl auch hier die gleichen Magnetfeldstärken wirksam waren wie bei den Nähten 22/II und 23/II, tritt Humping auf. Der Unterschied zu den Versuchen, in denen Humping unterdrückt werden konnte, besteht darin, daß das Vorzeichen des Magnetfelds geändert worden ist. In vielen Fällen erhöht sich die Humping-Frequenz dabei.

Nach der Hartmann-Strömung sollte das Vorzeichen des angelegten Magnetfelds aber keine Rolle spielen, d.h. der Effekt der Unterdrückung oder Förderung von Humping sollte nur von der räumlichen Lage des Magnetfelds relativ zur Schmelzströmung abhängen, nicht aber vom Vorzeichen des B-Feldvektors, vgl. Kapitel 4 – offensichtlich ist dies aber nicht der Fall.

Wie die folgenden Abschnitte noch zeigen werden, zieht sich diese Erscheinung durch alle identifizierten Auswirkungen des MGL. Die Mechanismen, die zu dieser Vorzugsrichtung des MGL führen können, sind deshalb in Abschnitt 5.2 näher untersucht und diskutiert worden.

Als Vorzugsrichtung der Orientierung des wirksamen Magnetfelds zum magnetisch gestützten Laserstrahlschweißen ist im folgenden immer die Konfiguration bezeichnet, in welcher der Magnetfeldvektor B im Uhrzeigersinn um 90° zum Materialvorschub v_M gerichtet ist – diese Definition bezieht sich auf die Darstellung der Richtungen in der Draufsicht gemäß Bild 43.

5.1.3　Oberraupenqualität

Das Laserstrahlschweißen von Edelstahl, niedrig legierten Stählen sowie dem zuvor genutzten Feinkornbaustahl bereitet unterhalb der Humping-Grenze und unter normalen Umständen hinsichtlich einer konstanten Oberraupentopologie kaum Schwierigkeiten. Problematisch sind Beschichtungen, Verunreinigungen und Rückstände auf der Materialoberfläche, wie beispielsweise Schmiermittelreste und/oder Zinkschichten. Diese Einflüsse können durchaus inakzeptable Nahtqualitäten ergeben. Unter normalen Umständen, d.h. bei reiner und unbehandelter Oberfläche dieser Materialien, ist eine Veränderung der Oberraupenqualität mittels MGL unterhalb der Humping-Grenze nicht zu erwarten und auch nicht zu erkennen.

Anders sieht das beim Laserstrahlschweißen von Aluminium aus. Auch wenn dabei bei den heute zur Verfügung stehenden Strahlleistungen und interessierenden Einschweißtiefen noch kein Humping beobachtet werden konnte, so heißt dies nicht, daß das Schweißen von Aluminium unproblematisch ist. Der niedrige Schmelzpunkt der Aluminiumlegierungen und der ca. 1900 K betragende Unterschied zwischen Solidus- und Verdampfungs-Temperatur in Verbindung mit der geringen Viskosität der Aluminiumschmelze machen Aluminiumlegierungen zu einem schwer schweißbaren Metall. Eine unregelmäßige Struktur der Nahtoberraupe und eine mehr oder weniger starke Spritzerbildung sowie sporadisch auftretende Schmelzauswürfe sind die augenscheinlichen Probleme des Aluminiumschweißens [94].

---

[7]　Naht 25/II dient hier auch wieder zur Demonstration der Reproduzierbarkeit. Es handelt sich dabei um die gleichen Prozeßparameter wie bei Naht 24/II.

Durch die geringe Viskosität der Schmelze kommt es ebenfalls leicht zum Durchsacken der Naht. Die im Vergleich zu Stählen geringere Viskosität der Aluminiumschmelze dämpft auch die Fluktuationen der Kapillare weniger, so daß sich Störungen im Schmelzbad in Form von Wellen leicht ausbreiten können und ggf. an der Liquidus-/Solidus-Grenzfläche reflektiert werden. Oxidierte Oberflächen verändern darüber hinaus die Energieeinkopplung und stören die Prozeßstabilität. Druckguß-Legierungen haben oft einen hohen Anteil an Wasserstoff, der beim Schweißen dann eruptionsartig freigesetzt wird [95]. Diese Aufzählung kann hier nicht vollständig sein. Wichtig daran ist, daß eine akzeptable Nahtqualität beim Laserstrahlschweißen sehr hohe Anforderungen an eine exakte Prozeßführung und gewissenhafte Nahtvorbereitung stellt.

Erstes Kriterium zur Beurteilung der Naht ist die Qualität der Nahtoberraupe. Dabei ist auf Merkmale wie Regelmäßigkeit der Schuppung, Randkerben, Konstanz der Nahtbreite und Nahtüberhöhung sowie auf Auswürfe zu achten. Insbesondere die Möglichkeit der MFM, die Viskosität der Aluminiumschmelze künstlich zu erhöhen, war einer der Beweggründe, dieses Prinzip anzuwenden und Schweißungen unter Einfluß eines Magnetfelds zu untersuchen.

In Bild 44 sind Ergebnisse von Einschweißungen in die Aluminiumlegierung AA6110 abgebildet. Der Reproduzierbarkeit wegen wurde auch hier jeder Parametersatz paarweise geschweißt. Dargestellt sind drei Versuchsbedingungen. Das erste Schweißnahtpaar Nr. 7/V und 8/V zeigt den Einfluß, wenn das Magnetfeld entgegen der Vorzugsrichtung orientiert ist. Die Nähte Nr. 9/V und 10/V zeigen die Wirkung des in Vorzugsrichtung orientierten Magnetfelds. Ohne Magnetfeld wurden die Ergebnisse der Nähte 11/V und 12/V erzielt.

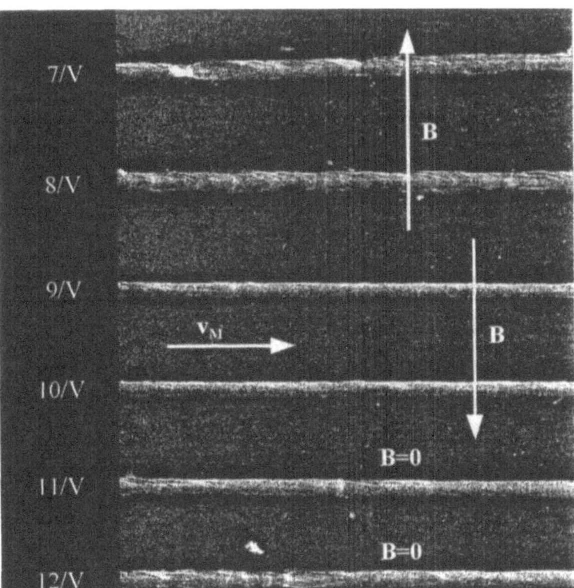

Bild 44:   In Vorzugsrichtung geführtes magnetisch gestütztes Laserstrahlschweißen von AA6110 (9V/10V) verbessert die Oberraupenqualität; v_M = 12 m/min, CO_2-Laser, P_L = 6,8 kW, z_f = 0 mm, w_f = 0,3 mm, He: 15 l/min, Ar: 15 l/min.

Es ist zu erkennen, daß mit Unterstützung des in Vorzugsrichtung orientierten Magnetfelds eine gleichmäßigere Zeichnung der Oberraupenqualität erzielt wird. Ist der Magnetfeldvektor entgegen der Vorzugsrichtung gedreht, dann ist eine deutliche Verschlechterung der Nahtoberraupenqualität zu erkennen (Naht Nr. 7/V und 8/V).

Entsprechend der Diskussion der Wirkungsweise der MFD in Kapitel 4 ist der Einfluß des MGL abhängig von der Schweißgeschwindigkeit. Unter den vorliegenden Prozeßparametern und der Magnetfeldstärke von ca. 0,04 T in der Wechselwirkungszone konnte eine Verbesserung der Nahtoberraupenqualität in einem Prozeßfenster von 12 m/min ± 0,5 m/min erzielt werden. Über und unter dieser Schweißgeschwindigkeit konnte kaum mehr ein Einfluß des MGL bei diesen Prozeßparametern beobachtet werden.

5.1.4 Nahtformung

Der gezeigte Einfluß des MGL auf die Oberraupenqualität läßt den Schluß zu, daß sich dieser Effekt auch auf die Querschnittsformen der Nähte auswirken muß – zumindest im Bereich der Nahtoberseite. In Bild 45 sind deshalb Schliffe der in Bild 44 gezeigten Nähte abgebildet. Der Einfluß des MGL auf die Form des Nahtquerschnitts ist deutlich zu erkennen und beschränkt sich nicht nur auf die Nahtoberseite. So zeigt sich unter Wirkung des in Vorzugsrichtung orientierten Magnetfelds eine ausgeprägte "Amphoren"-Form des Schweißnahtquerschnitts. Wirkt das Magnetfeld entgegen der Vorzugsrichtung, so beobachtet man einen anderen, eher keilförmigen Nahtquerschnitt (Nähte Nr. 7/V und 8/V). Die Schweißnähte, die erzielt wurden, ohne daß das Magnetfeld wirksam war, zeigen eine Zwischenstufe der unter Einfluß des Magnetfelds entstanden Formen.

Die Möglichkeit, die Nahtquerschnitts-Formen in der gezeigten Form variieren zu können, bietet ein weites Verfahrenspotential. Denkt man an eine Überlappnaht, bei der es aus Festigkeitsgründen auf den Anbindungsquerschnitt in der Fügeebene ankommt, so könnte dieser Querschnitt mit einer amphorenförmigen Naht leicht erzielt werden. Die Abmessungen der Nahtoberraupe könnten dabei gleichzeitig minimiert werden, und auf eine Nacharbeit der Schweißnaht aus optischen Gründen könnte verzichtet werden.

In Dauerschwing-Festigkeitsversuchen müßte geklärt werden, ob die eine oder andere Nahtform aufgrund des unterschiedlichen Anbindungsverlaufs im Bereich der Randkerben vorteilhaft oder nachteilig für die Schwingfestigkeit der Verbindung ist. Mit Sicherheit wirken sich die unterschiedlichen Nahtformen aber auf die Eigenspannungen in der Naht und damit auf den Bauteilverzug aus. In diesem Zusammenhang ist es plausibel, daß eine Amphorenform der Naht die Spannungen an Nahtober- und Nahtunterseite gleichmäßiger als die andern Formen verteilt und somit einen geringeren Verzug des Bauteils bedingt.

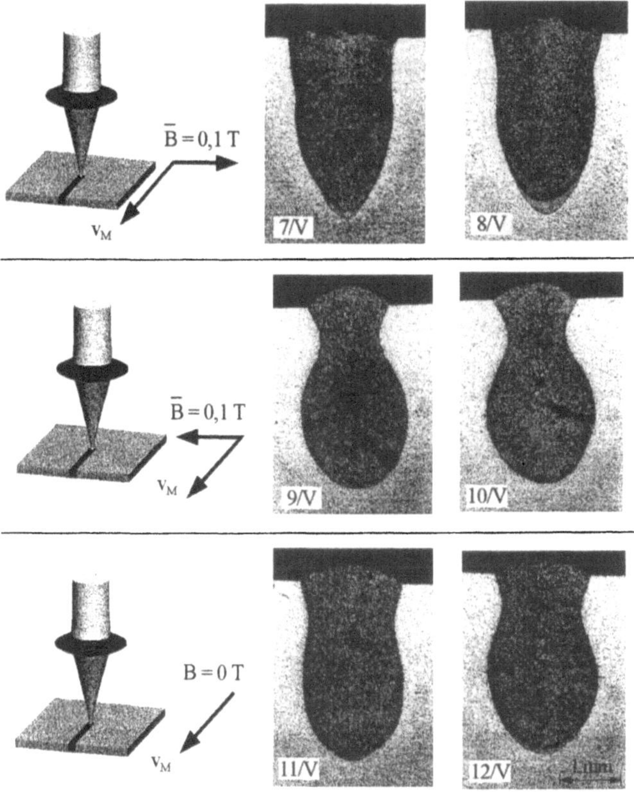

Bild 45: Durch das MGL lassen sich die Querschnitte der erzeugten Schweißnähte zwischen einer betonten "Amphoren"-Form bis hin zu einer Keilform variieren (Schweißparameter siehe Bild 44).

Auf den ersten Blick stören die Heißrisse in den Nähten, die unter Einwirkung des in Vorzugsrichtung orientierten Magnetfelds geschweißt wurden. Zweifellos ist es auch einleuchtend, daß die für die Heißrißbildung verantwortlichen Schrumpfspannungen bei der Erstarrung des Materials mit zunehmendem Schmelzgutvolumen erhöht werden [96] und daß der "Amphorenbauch" dann extrem anfällig für Heißrisse ist. Allerdings ist die bei diesen Versuchen verwendete Aluminiumlegierung AA6110 besonders anfällig für Heißrisse und wird deshalb im allgemeinen nicht ohne Zugabe von Silizium in Form von Zusatzdrähten, Beschichtungen oder Pulver verschweißt. Durch Erhöhung des Si-Gehalts in der Naht sind dann solche Heißrisse vermeidbar. Das in Bild 46 zitierte Diagramm zur Heißrißanfälligkeit zeigt, daß diese Heißrisse schon durch Steigerung des Silizium-Gehalts auf ca. 2 % verhindert werden können.

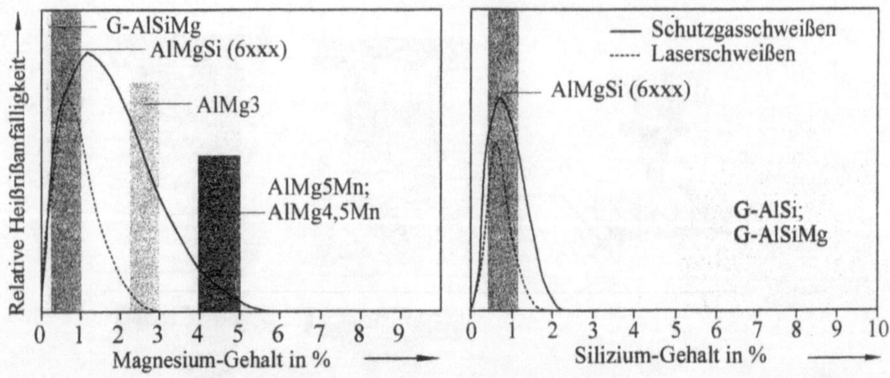

Bild 46:   Relative Heißrißanfälligkeit von Aluminiumlegierungen in Abhängigkeit der Legierungsanteile von Silizium und Magnesium nach [95, 97].

Weiterhin demonstrieren diese Ergebnisse erstens, daß die Nahtquerschnittsform einen wesentlichen Einfluß auf das Auftreten von Heißrissen in der Schweißnaht hat, und zweitens, daß es mittels des MGL möglich ist, den Nahtquerschnitt derart zu formen, daß die Ausbildung von Heißrissen merklich eingedämmt werden kann.

5.1.5 Prozeßstabilität

Während der Schweißungen unter Einfluß des Magnetfelds fällt dem Beobachter bereits an der Geräuschentwicklung und Leuchterscheinung auf, daß im Falle der Prozeßführung des MGL in Vorzugsrichtung eine höhere Prozeßstabilität erzielt wird. Um diesen Eindruck überprüfen zu können, wurde die Plasmafackel, gemäß der in Bild 47 skizzierten Blickrichtung, mit einer Videokamera vergrößert aufgenommen und ausgewertet.

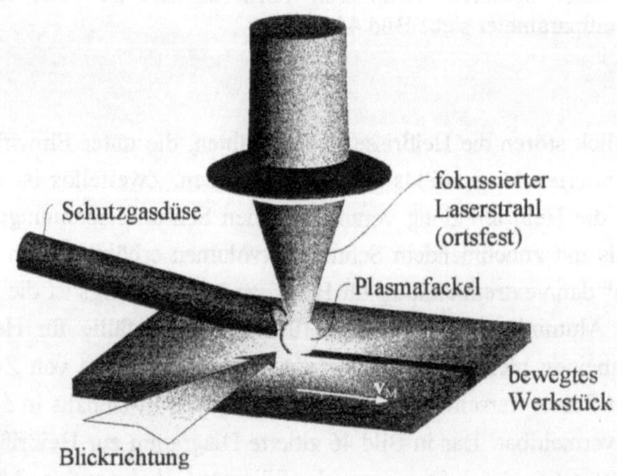

Bild 47:   Blickrichtung bei den Videoaufzeichnungen der Plasmafluktuationen.

Der in den Bildern 48 bis 50 dargestellte Ausschnitt umfaßt die Plasmafackel und die Öffnung der Schutzgasdüse, die jeweils im ersten Foto der Sequenz durch die eingezeichnete Düsenspitze kenntlich gemacht ist. Diese Sequenzen wurden mit einer konventionellen Videokamera mit 25 Bildern/s aufgenommen. In Bild 48, 49 und 50 sind auszugsweise Filmsequenzen einer Schweißung ohne Magnetfeld, einer Schweißung mit Magnetfeld in Vorzugsrichtung und einer Schweißung mit Magnetfeld entgegen der Vorzugsrichtung orientiert aufgezeichnet. Die Versuchsbedingungen und Schweißparameter sind dieselben wie in Bild 44 angegeben.

Die Sequenzen bestätigen den Eindruck, daß beim MGL in Vorzugsrichtung eine größere Prozeßstabilität zu erzielen ist. Der Umriß der Plasmafackel zeigt im Falle des in Vorzugsrichtung geführten MGL geringere Schwankungen in Form und Abmessung. Hingegen werden die Fluktuationen der Plasmafackel mit entgegen der Vorzugsrichtung orientiertem Magnetfeld verstärkt.

Leider kann der visuelle Eindruck der unter Einfluß des Magnetfelds veränderten Dynamik der Plasmafackel hier in gedruckter Form nur schwer vermittelt werden. In Bild 51 sind deshalb die Flächeninhalte der Plasmafackeln in den Einzelbildern der jeweiligen Sequenz in einem Diagramm aufgetragen. Dazu wurden die Einzelbilder der Sequenzen mit einem Bildverarbeitungssystem ausgewertet. Die Kurven in Bild 51 bestätigen, daß die Plasmafackel während des in Vorzugsrichtung geführten MGL stabilisiert wird.

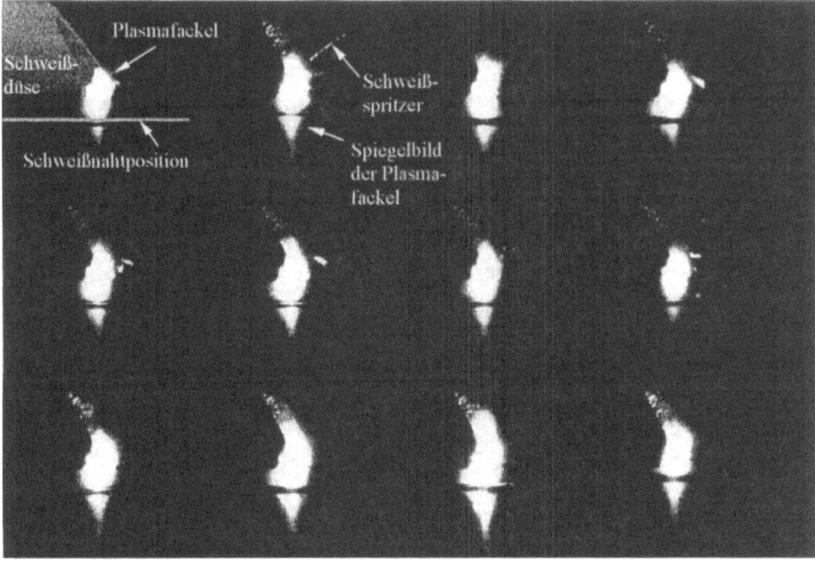

Bild 48:   Einzelbild-Sequenzen, aufgenommen während des Schweißens ohne Unterstützung eines Magnetfelds. Zu erkennen ist eine Fluktuation der Plasmafackel und vereinzelte Schweißspritzer, die infolge der Belichtungszeit als Streif zu erkennen sind.

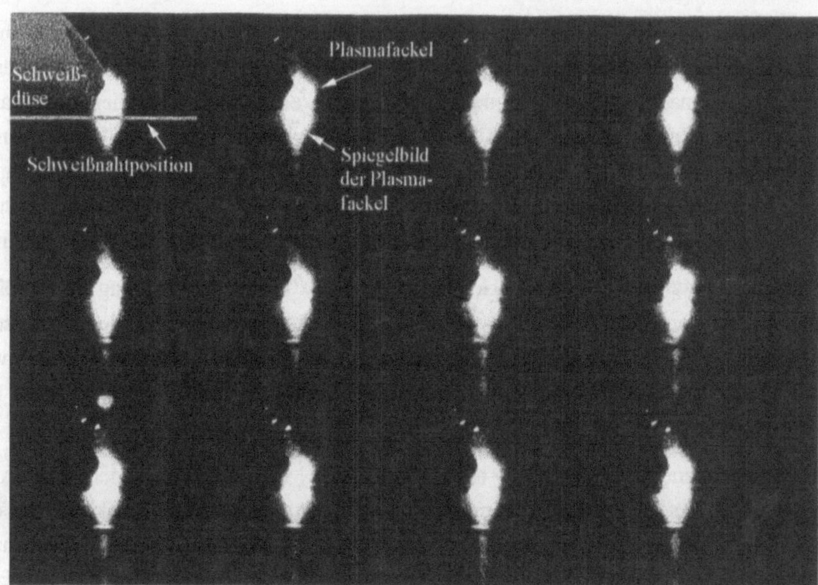

Bild 49:   Einzelbild-Sequenzen einer Schweißnaht bei gleichen Prozeßparametern wie in Bild 48, allerdings unter Wirkung eines in Vorzugsrichtung orientierten Magnetfelds. Im Vergleich zu den Prozeßverhältnissen ohne Magnetfeldunterstützung ist eine stabilere Plasmafackel zu beobachten. Ferner können in diesem Abschnitt keine Spritzer in den Einzelbildern identifiziert werden.

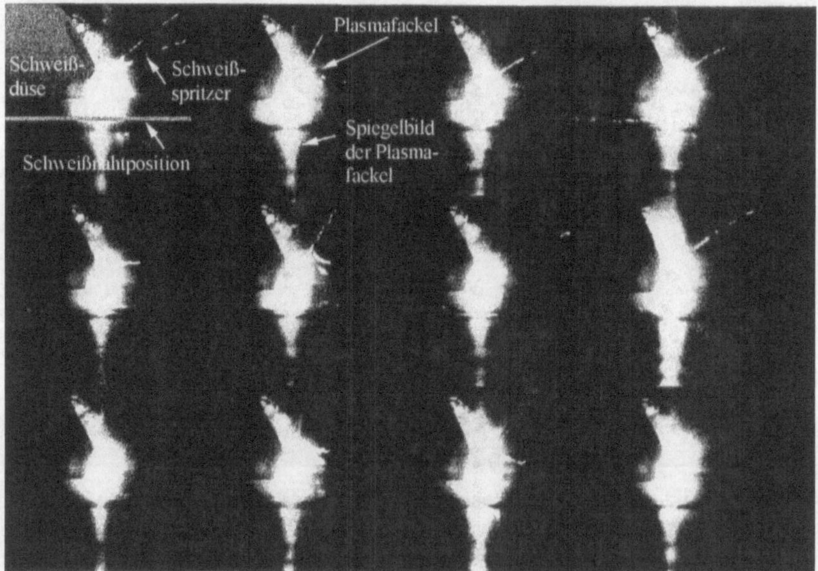

Bild 50:   Ist das Magnetfeld nicht in Vorzugsrichtung orientiert, so wird eine verstärkte Plasmafluktuation und ein größerer Umriß der Fackel beobachtet. Außerdem ist eine deutlich stärkere Spritzertätigkeit zu erkennen.

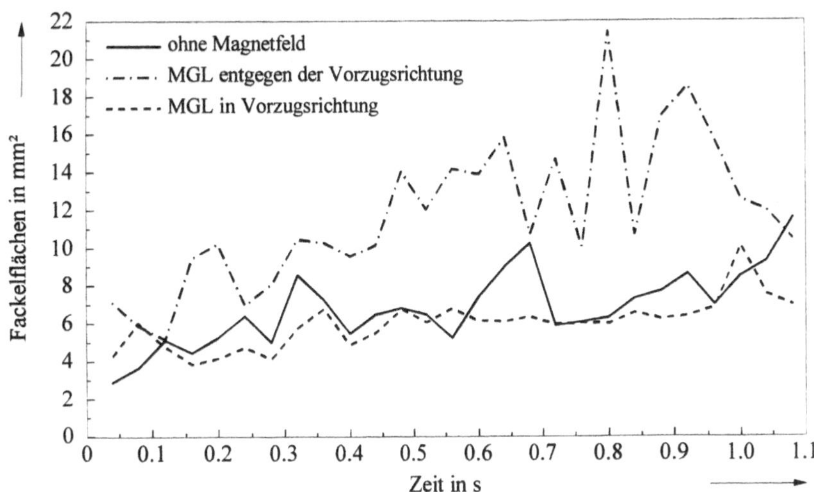

Bild 51: Flächeninhalt der in den Videosequenzen der Bilder 48 bis 50 festgehaltenen Plasmafackelaufnahmen. Für den Fall des entgegen der Vorzugsrichtung orientierten Magnetfelds ist neben der stärkeren Fluktuation der Plasmafackel auch eine effektiv größere Fackelfläche zu beobachten.

Mit Bezug auf die Diskussion des Einflusses der Plasmafackel auf die Laserstrahleinkopplung in Kapitel 1 ist es erwiesen, daß die Plasmastabilität eng mit der Prozeßstabilität und damit letztlich der Schweißnahtqualität verknüpft ist. Man kann daher den Schluß ziehen, daß das MGL, in Vorzugsrichtung geführt, den Schweißprozeß stabilisiert und für eine konstante Nahtqualität sorgt.

5.1.6 Spritzerbildung

Parallel zu der Beobachtung, daß das in Vorzugsrichtung geführte MGL prozeßstabilisierend wirkt, ist den zuvor gezeigten Ausschnitten der Videosequenzen zu entnehmen, daß gleichzeitig weniger Spritzer entstehen. Inwieweit dies eine Folge oder die Ursache der erhöhten Prozeßstabilität ist, läßt sich allein auf Basis dieser Aufnahmen nicht klären. In der Sequenz zum in Vorzugsrichtung geführten MGL (Bild 49) sind sogar keinerlei Spritzer zu erkennen. Die hellen, punktuellen "Flecken" auf der linken Seite der Fackel sind Spritzer der vorhergehenden Schweißungen, die sich auf der Innenseite der Schutzgasdüse (vgl. Ansichtsskizze in Bild 47) angesammelt haben und durch die Strahlungswärme und Streustrahlung immer wieder aufschmelzen. Den gezeigten Sequenzen ist nicht zu entnehmen, daß zu Beginn oder am Ende der Schweißnaht, wenn der Laserstrahl in das Material "einsticht" bzw. sich die Kapillare schließt, Spritzer entstehen können.

Deutlich aktiver ist die Spritzerbildung, wenn das MGL entgegen der Vorzugsrichtung geführt wird, wie dies in Bild 50 festgehalten ist. Oft bilden sich während der Belichtungszeit eines jeden Einzelbilds mehrere Spritzer.

Im Sinne einer Schweißnahtgüte mit höchster Oberflächenqualität der zu verbindenden Bauteile ist die Vermeidung von Spritzern eine wesentliche Zielsetzung. Hinsichtlich des Schutzes der eingesetzten optischen Komponenten ist die Spritzerbildung ebenfalls unerwünscht. Nicht so offenkundig ist der Umstand, daß an der Düse anhaftende Spritzer die Prozeßstabilität beeinträchtigen können, indem die Spritzer auf der Düsenspitze die Schutzgaszufuhr behindern oder modifizieren. Selbst wenn auf der Werkstückoberfläche haftende Spritzer nicht von Nachteil sein sollten und die Optik mit einem wirksamen Querjet vor Spritzern geschützt werden kann, ist demnach die Reduzierung der Spritzertätigkeit ein Beitrag zur Stabilisierung des Schweißprozesses und zur Sicherung der Schweißnahtqualität.

5.1.7 Gefügeausbildung unter Einfluß des Magnetfelds

Ein Schweißgefüge aus Globularkristalliten ist einem Gefüge aus Stengelkristalliten vorzuziehen, zumindest in Hinblick auf die besseren Festigkeitseigenschaften des globularen Gefüges. Diese Festigkeitseigenschaften ergeben sich nicht nur aus einer höheren Duktilität, sondern bestehen auch in einer die Rißbildung und -ausbreitung hemmenden Gefügestruktur [98]. Deshalb hat man in der Vergangenheit immer wieder nach Methoden geforscht, um die Bildung einer globularen Gefügestruktur beim Schweißen zu forcieren.

Schon in den 60er Jahren hat man die verschiedenen Verfahren des Lichtbogenschweißens hinsichtlich der Möglichkeiten zur Erzeugung solcher globularen Gefügestrukturen untersucht. Einer der erfolgreichsten Ansätze bestand im Schweißen unter Einfluß eines zugeschalteten Magnetfelds. Das Magnetfeld übt dabei sowohl auf den Lichtbogen als auch auf die Schmelze elektromagnetische Kräfte aus – in Reaktion der über der jeweils fließenden elektrischen Stromdichte. Zunächst hat man dazu in verschiedene Richtungen wirkende konstante und später überwiegend niederfrequent alternierende Magnetfelder eingesetzt.

In diesem Zusammenhang werden häufig Brown et al. [99] zitiert, die schon 1962 von der Möglichkeit berichteten, beim Lichtbogenschweißen mittels eines externen Magnetfelds die Porenzahl in der Schweißnaht zu verringern und eine Kornverfeinerung zu erzielen. Gleichzeitig beobachteten sie beim Schweißen mit Magnetfeld eine veränderte Schweißnahtgeometrie.

Die Auswirkung eines konstanten und wechselnden Magnetfelds beim WIG-Schweißen von Aluminium haben die Autoren von [100] verglichen. Sie stellten fest, daß die Schmelze unter Einfluß eines konstanten axialen Magnetfelds auf eine Seite fließt und dort "kräuselnd" erstarrt. Unter einem periodisch wechselnden Magnetfeld entsteht eine fein gekräuselte, aber symmetrische Schweißnaht, bei der eine Kornverfeinerung sowie eine Reduzierung der Porengröße und -anzahl zu beobachten ist.

In Anlehnung an die beobachtete "rührende" Wirkung der alternierenden Betriebsweise bezeichnet man dieses Verfahren als "Electromagnetic Stirring". Es ist auch letztlich die erzwungene periodische Bewegung des Schmelzbads, die für die Kornverfeinerung verantwortlich ist – soweit sind sich alle Autoren einig. Die Modellvorstellungen, in welcher Weise sich die periodische Schmelzbadbewegung auf das Kornwachstum auswirkt, unterscheiden sich jedoch in einzelnen Details.

Die Autoren Matsuda et al. [101] führen die Kornverfeinerung beispielsweise auf ein regelmäßiges Abbrechen der Dendriten zurück, verursacht durch die periodische Umkehr der Schmelzbadströmung. Gleichzeitig erhöht sich aber auch die Anzahl der "arteigenen" Keime (angeschmolzene Kristallite des Grundgefüges), und es entsteht ein feinkörnigeres Gefüge. Ergänzend weisen Malinowski-Brodnicka et al. [102] darauf hin, daß es nicht nur durch die abgebrochenen Dendriten zu mehr Kornkeimen kommt, sondern auch durch die andauernde Durchmischung von flüssigem und breiigem Material.

Auch Bardokin et al. [103] haben das Dendritenwachstum unter Vorhandensein eines Magnetfelds untersucht. Sie haben festgestellt, daß ein langsam alternierendes Magnetfeld mit einer Frequenz < 0,5 Hz zu säulenartigen Dendriten führt, deren Achsen wie Tangenten an Kreisbahnen zwischen den Körnern angeordnet sind.

Blinkov et al. [104] vergleichen das Dendritenwachstum mit und ohne Magnetfeld. Sie stellen dabei fest, daß sich ohne Magnetfeld lange, z.T. säulenartige Dendriten ausbilden. Diese Dendritenzone reicht ohne Magnetfeld bis ins Zentrum der Schweißnaht. Unter alternierendem Magnetfeldeinfluß wird das Dendritenwachstum unterdrückt, und es entsteht eine homogene desorientierte Struktur. Sie weisen zusätzlich darauf hin, daß die Mikrohärte beim Schweißen mit Magnetfeld erheblich größer ist als ohne Magnetfeld.

Ist eine Oxidschicht vorhanden, so wurde beobachtet, daß die Oxidpartikel bei einem angelegten Magnetfeld homogen im Schweißgut verteilt werden. Diese Verteilung steht im Gegensatz zum herkömmlichem Schweißen – dort sammeln sie sich im Zentrum an, Novikov et al. [105].

Bei all diesen Untersuchungen wurde stets der Einfluß der Magnetfeld-Frequenz betrachtet, bei der es zu den beobachteten Effekten kam. In Abhängigkeit von Schweißgeschwindigkeit und Magnetfeldstärke kommt es nur bei sehr niederfrequenten Feldern (1 bis ca. 20 Hz) von ca. 0,01 bis 0,03 T zur Kornverfeinerung. So wird auch in Ohmae et al. [106] beschrieben, daß es neben der Kornverfeinerung bei einer Frequenz von 5 Hz zusätzlich zu einer Reduzierung der Porenzahl und einer geringeren Heißrißbildung kommt.

Ein zum Thema des magnetischen Rührens beim Lichtbogenschweißen relativ junger Beitrag berichtet neben den oben ausgeführten Effekten von der Möglichkeit, die Magnetfelder auch lateral und parallel zur Schweißrichtung auszurichten, allerdings mit der Problematik, daß dabei die einzusetzende Magnetfeldstärke durch ein Beeinflussen des Lichtbogens begrenzt wird [98].

Wesentlich an diesen Erkenntnissen ist, daß es insbesondere der rührende Effekt eines alternierenden Magnetfelds ist, der eine Kornverfeinerung und ein globulares Gefüge erzeugt.

Grundlage des Rührens ist der beim Lichtbogenschweißen über die Schmelze abfließende elektrische Strom, der mittels der elektromagnetischen Kraft durch das alternierende Magnetfeld den Schmelzfuß ablenken kann. Ein konstantes Magnetfeld führt beim Lichbogenschweißen hauptsächlich zur Nahtformung und wird z.B. beim Schweißen unter starkem Gravitationseinfluß verwendet [88].

Zusammenfassend wurde bei der Anwendung des magnetischen Rührens beim Lichtbogenschweißen eine:

- Kornverfeinerung nachgewiesen,

- eine Senkung der Porenhäufigkeit festgestellt,

- eine reduzierte Heißrißbildung beobachtet und

- ein Konzentrationsausgleich im Schweißgefüge gemessen.

Das sind allesamt Eigenschaften, die man heute beim Schweißen hoch beanspruchter Bauteile, wie z.B. in der Luft- und Raumfahrt, gern nutzt [107].

Wie die in Bild 52 abgebildeten Fotos zeigen, sind – je nachdem, ob mit oder ohne Magnetfeld geschweißt wurde – Unterschiede in der Kornstruktur zu erkennen, die doch überwiegend durch die unterschiedlichen Nahtgeometrien und die damit verbundenen Temperaturzyklen bei der Abkühlung bestimmt werden. So sind es primär die vorherrschenden Temperaturgradienten, die die Wachstumsrichtung an den Dendriten bestimmen, wobei die Dendriten (bzw. deren Äste) nicht in beliebige Richtungen anwachsen können, sondern stets in kristallografisch festgelegten Richtungen gebildet werden. Welche dieser Richtungen des Kristalliten tatsächlich wächst, richtet sich nach der Richtung mit dem größten Temperaturgradienten [102, 108].

Durch die stark veränderte Nahtform kann man sicher von einem veränderten Kornwachstum sprechen – allerdings nicht im Sinne der vorstehend ausgeführten Kornverfeinerung durch das magnetische Rühren. Mit dem in dieser Arbeit vorgestellten Verfahren des MGL unter konstantem Magnetfeld läßt sich keine Kornverfeinerung beobachten. Die Diskussion um die Veränderung der Gefügestruktur beim Lichtbogenschweißen unter Einfluß eines alternierenden Magnetfelds läßt jedoch den Schluß zu, daß es auch beim Laserstrahlschweißen zweckmäßig ist, durch ein alternierendes Magnetfeld die "rührend" zu gewinnende Qualitätsverbesserung zu nutzen.

Sollte sich herausstellen, daß der Wechsel der Strömungsverhältnisse, verursacht durch ein alternierendes Magnetfeld beim MGL, nicht ausreicht, um einen Rühreffekt zu induzieren, wäre es beispielsweise über den häufig zugeführten Zusatzdraht möglich, zusätzlich Strom über das Schmelzbad zu leiten, um dadurch die rührende Wirkung der MFD zu verstärken.

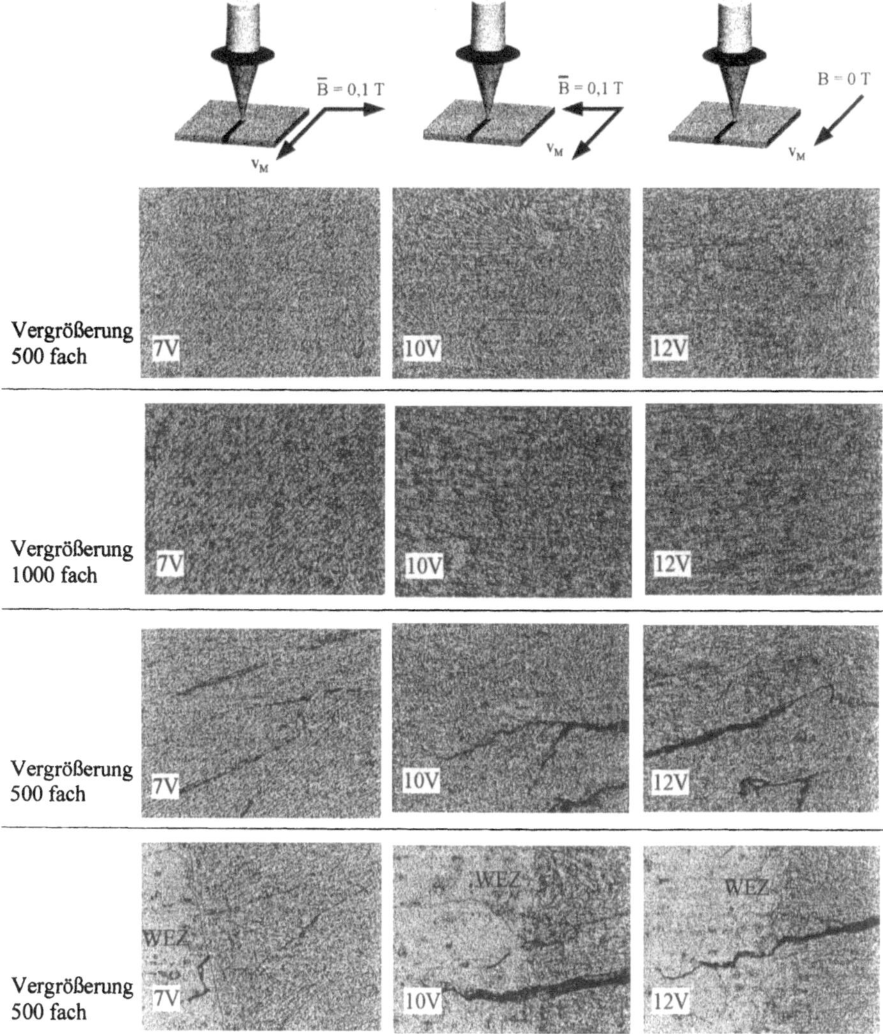

Bild 52:   Gefügestruktur der in Bild 45 erzeugten Schweißnähte (AA6110).

5.1.8   Erkenntnisse

Die experimentelle Umsetzung und Anwendung der MFM auf das Laserstrahlschweißen hat verschiedene Vorteile dieser Verfahrensführung aufgezeigt. In diesem Zusammenhang wurde das Verfahren als magnetisch gestütztes Laserstrahlschweißen (MGL) bezeichnet.

Die dazu durchgeführten Versuchsreihen haben die vorausgehend durchgeführten Abschätzungen bestätigt. Demnach ist der Laserschweißprozeß durch die MFD-Effekte in einem bestimmten Geschwindigkeitsbereich zu beeinflussen.

So konnte gezeigt werden, daß man mittels magnetisch gestütztem Laserstrahlschweißen

- das Humping unterdrückt,

- die Qualität der Nahtoberraupe verbessert,

- die Formen der Nahtquerschnitte in weiten Grenzen verändert,

- die Spritzertätigkeit reduziert,

- die Fluktuation der Plasmafackel dämpft

- und damit letztlich die Prozeßstabilität erhöht.

In Übereinstimmung mit Erfahrungen beim Lichtbogenschweißen erfolgt unter Einfluß eines konstanten, nicht wechselnden Magnetfelds keine Kornverfeinerung des Schweißgefüges. Bei Anwendung eines alternierenden Feldes ist eine Kornverfeinerung des Schweißgefüges zu erwarten.

Neben direkten Vorteilen für die Verfahrensführung, wie beispielsweise einer um mindestens 20 % gesteigerten Schweißgeschwindigkeit und der verbesserten Prozeßstabilität, ist (durch die beim Aluminium-Schweißen erzielten Formen des Nahtquerschnitts) davon auszugehen, daß auch die Festigkeitseigenschaften und der Verzug der Schweißverbindung durch das MGL zu beeinflussen sind.

Die Anwendung der MFD-Effekte auf das Laserstrahlschweißen kann dabei in verschiedenen Varianten erfolgen. Als eine praktikable Lösung haben sich Spulen in einer "Triangel"-Anordnung erwiesen, die an einen Fokussierkopf angebracht und mit dem Laserstrahl mitgeführt werden.

5.2　Einfluß der Magnetfeldorientierung

Wie im letzten Abschnitt ausgeführt wurde, ist beim MGL zu beobachten, daß je nach Vorzeichen des Magnetfelds unterschiedliche Schweißergebnisse auftreten. Nach den in Kapitel 4 wiedergegebenen Gesetzen der Magnetofluiddynamik dürfte der Einfluß des von außen aufgebrachten Magnetfelds nicht von dessen Vorzeichen abhängen bzw. keine Vorzugsrichtung aufweisen. Die empirische Beobachtung der Vorzugsrichtung führt jedoch zum Schluß, daß die Magnetofluiddynamik des MGL durch Besonderheiten des Laserstrahlschweißens modifiziert sein muß.

Eine mögliche Ursache dieser Vorzugsrichtung des MGL könnte im besonderen Fall des Laserstrahlschweißens dadurch zustande kommen, daß das angelegte Magnetfeld die Energieeinkopplung beeinflussen und zu einem von der Magnetfeldorientierung abhängigen Prozeßverhalten führen kann. Da sich in der Plasmafackel Ionen und freie Elektronen befinden, ist es vorstellbar, daß deren Bewegungen durch das äußere Magnetfeld beeinflußbar sind und somit die optischen Eigenschaften der Plasmafackel verändert werden, indem beispielsweise die räumliche Elektronendichteverteilung und damit die Brechung und Absorption der Laserstrahlung in der Plasmafackel variiert wird. Dies müßte sich dann wiederum in einer veränderten Energieeinkopplung, Kapillarausbildung und letztlich in einem veränderten Prozeßverhalten äußern.

Demnach sind es zwei Mechanismen, die nach den bisherigen Ausführungen die Wirkung des Magnetfelds auf den Schweißprozeß verursachen könnten:

- die magnetofluiddynamischen Mechanismen (Laminarisierung, Hartmann-"Effekt") und/oder
- die optische Wirkung der Plasmafackel wird verändert.

Im folgenden Abschnitt sind zur Klärung des vom Vorzeichen des angelegten **B**-Felds abhängigen Verhaltens des MGL Untersuchungen durchgeführt und Modellvorstellungen diskutiert.

5.2.1 Hypothese

Unabhängig von den vorstehend aufgezählten Möglichkeiten der vom **B**-Feldvorzeichen abhängigen Wirkungsweise des MGL fällt an den durchgeführten Schweißungen auf, daß die beobachtete Vorzugsrichtung anhand einer einfachen Hypothese gedeutet werden kann.

Nach dieser Hypothese ist die Vorzugsrichtung des MGL dadurch bestimmt, daß ein in Richtung des Materialvorschubs fließender elektrischer Strom im Magnetfeld – gemäß **j** x **B** – eine auf die Metallschmelze wirkende Kraftkomponente ausübt. Diese Kraftkomponente wirkt je nach Vorzeichen des **B**-Felds in Richtung des Nahtgrunds (vgl. Bild 53) oder nach oben, aus der Schweißnaht heraus.

Die Unterdrückung des Humping-Effekts wäre nach dieser Hypothese

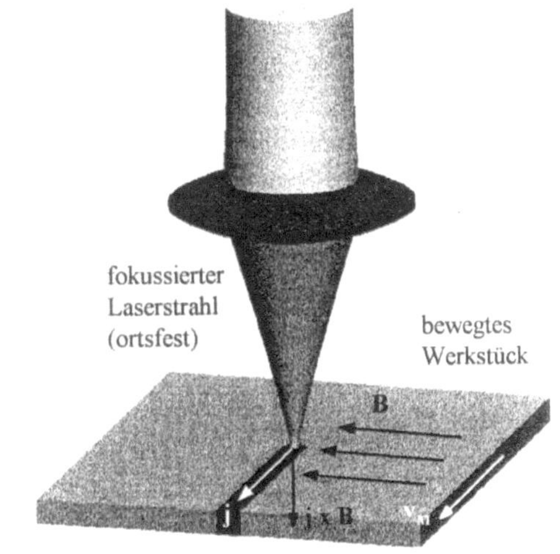

Bild 53: Basis der Hypothese ist ein in der Schmelze fließender elektrischer Strom der Dichte j – unabhängig davon, ob ein externes Magnetfeld vorhanden ist oder nicht. Wird dann ein **B**-Feld in eingezeichneter Weise aufgebracht, dann wirkt auf die Schmelze die Kraft **j** x **B**.

durch die in den Nahtgrund gerichtete Kraftwirkung zu erklären. Ähnlich sieht es mit der Nahtformung aus. Sie ließe sich ebenfalls durch eine zusätzlich in der Schmelzströmung wirkende Kraftkomponente vorstellen.

Diese Hypothese setzt voraus, daß unabhängig der MFM in der Strahl-Stoff-Wechselwirkungszone beim Laserstrahlschweißen ein elektrischer Strom auch dann fließt, wenn kein Magnetfeld zugeschaltet ist.

Zunächst gilt es, ungeachtet der Ursache bzw. Quelle dieses elektrischen Stroms, zu prüfen, ob ein derartiger elektrischer Strom beim Laserstrahlschweißen tatsächlich existiert, und – falls möglich – ihn zu messen.

Trifft man die Annahme, daß die potentielle Quelle dieses Stroms im Bereich der Strahl-Stoff-Wechselwirkungszone liegt, ist aufgrund der elektrischen Leitfähigkeit der Schmelze und des verschweißten Materials davon auszugehen, daß der Strom unmittelbar im und unmittelbar um das Schmelzbad fließt. Die Verteilung des elektrischen Stroms des in allen drei Raumrichtungen verteilten Stromfelds ist sicher nicht trivial. Wenn dieser Strom aber vorhanden ist und in der Schmelze einen Nettofluß hat, so daß die daraus resultierenden j x B-Kräfte die beobachteten Effekte des zugeschalteten Magnetfelds bewirken, dann sollte dieser Strom auch meßbar sein.

5.2.2 Messungen mit Hall-Effekt-Sensor

Nach der zuvor beschriebenen Hypothese könnte man beispielsweise annehmen, daß ausgehend von der Stelle der Energieeinkopplung, also der Dampfkapillare, ein Nettostrom über das Schmelzbad abfließt. Wenn im Bereich der Kapillare tatsächlich ein entsprechendes E-Feld erzeugt würde, dann müßte gemäß der Skizze in Bild 54 auch ein Teil des Stroms im Bereich vor der Kapillare fließen.

An eine direkte Messung dieser Stromdichteverteilung ist aus Zugänglichkeitsgründen und wegen der hohen Temperaturen nicht zu denken. Zur Messung muß ein berührungsloses Meßprinzip gewählt werden. Da der Nettostrom, der entsprechend dieser Hypothese verläuft, ebenfalls ein Magnetfeld erzeugt, sollte dieses Feld nachzuweisen sein.

Zur berührungslosen Messung solcher Magnetfelder können sensible Hall-Sonden eingesetzt werden. Im Abstand r_B außerhalb eines stromdurchflossenen Stabes läßt sich die erzeugte Ma-

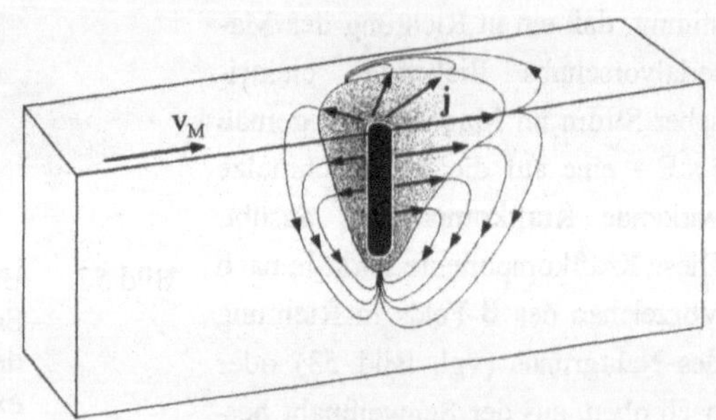

Bild 54: Schema der hypothetischen Stromdichteverteilung im Schmelzbad.

gnetfeldstärke nach [109] wie folgt abschätzen:

$$B = \frac{\mu_0 \cdot I_s}{2\pi \, r_B} \quad . \tag{11}$$

Im vorliegenden Fall bietet sich an, eine solche Hall-Sonde auf der Unterseite des Probenmaterials anzubringen und nahe an der Durchschweißgrenze über die Sonde hinweg bzw. nahe an ihr vorbei zu schweißen, vgl. Bild 55. Die Sonde ist somit von den hohen Energiedichten des Laserstrahls und der Plasmafackel abgeschirmt. Zusammen mit einer Epoxidharzplatte zur Wärmeisolation ist die Sondenmitte ca. 0,5 mm vom Schmelzgut entfernt. Bei einer nominellen Empfindlichkeit von 1,16 mV/Gauß und einer Anzeigeauflösung des Oszilloskops von 25/4 mV pro Teilstrich sind Feldstärken von ca. $B = 0,54$ mT pro Teilstrich aufzulösen. Nach Gleichung (11) ist demnach im Abstand von $r_B = 1$ mm ein elektrischer Strom von 2,4 A nachweisbar. Somit sind mit der in Bild 55 skizzierten Anordnung Ströme von wenigen Ampere meßbar.

Nach dieser Methode wurden systematisch Schweißungen verschiedener Parameterkombinationen von

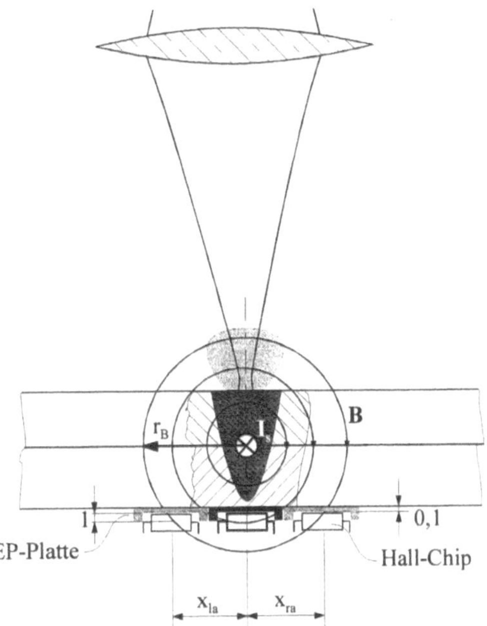

Bild 55: Positionierung der Hall-Sonde zur Messung einer magnetischen Induktion beim Laserstrahlschweißen (Skizze zeigt Ansicht im Schnitt senkrecht zu v_M, vgl. Bild 53).

Schweißgeschwindigkeit und Laserleistung mit Hilfe eines Speicheroszilloskops aufgezeichnet. Die Schweißgeschwindigkeit wurde immer so gewählt, daß bei vorgegebener Laserleistung die Durchschweißgrenze knapp verfehlt wurde. Dies wurde dadurch realisiert, daß von einer Durchschweißung ausgehend die Vorschubgeschwindigkeit wieder um 0,5 m/min erhöht wurde. In Schliffen zeigte sich, daß die Einschweißtiefe bei dieser Vorgehensweise bis auf einige Zehntel an die Materialdicke heranreichte.

Damit die Feldlinien gemäß der in Bild 55 gezeigten Hypothese verlaufen können und entsprechend nachweisbar sind, darf das Probenmaterial nicht magnetisierbar sein. Die Feldlinien müssen unbeeinflußt vom Material aus der Probe austreten können und dürfen nicht – wie dies beispielsweise bei ferromagnetischen Stählen der Fall wäre – im Werkstück geleitet werden. Die für diese Untersuchungen notwendigen Messungen wurden deshalb nur an Al-Legierungen (AA6110, AlMgSi1, AlMg4,5) durchgeführt.

Die verwendeten Hall-Sonden haben in der Mitte des Chips ihre höchste Empfindlichkeit und messen den zu ihrer Chipoberfläche lotrechten Anteil eines Magnetfelds, vgl. Bild 56.

Die mit dieser Meßmethode beim Schweißen mit CO_2-Laserstrahlung aufgezeichneten Signale zeigten, abgesehen von den durch die verschiedenen Schweißgeschwindigkeiten resultierenden Zeitskalen, abhängig von der Positionierung des Sensors einen charakteristischen Signalverlauf über der Zeit.

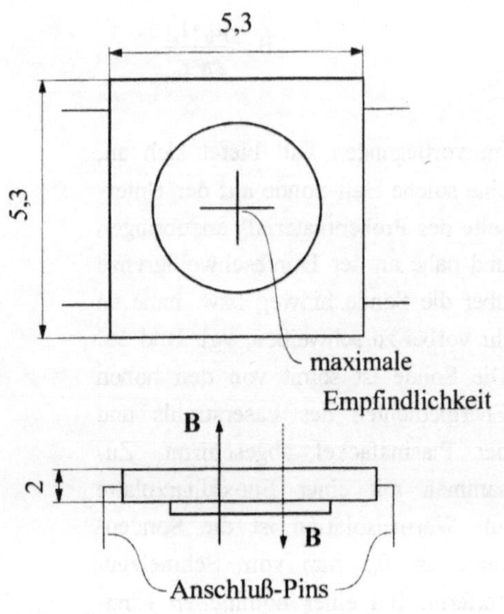

Bild 56:   Die eingesetzten Hall-Sonden haben in Gehäusemitte ihre größte Empfindlichkeit und messen die lotrecht durch das Gehäuse dringende Magnetfeldkomponente.

Dieses charakteristische Signalverhalten ist in einem Diagramm (Bild 57) exemplarisch an drei Messungen gezeigt. Deutlich erkennbar ist der gleichartige Signalverlauf der Magnetfeldstärke beim Schweißen im Abstand $x_a = 4$ mm links und rechts der Naht, vgl. Bild 55. Passiert das Schmelzbad den Sensor im Zeitintervall t_H, so ist an diesen beiden Stellen (4 mm links und rechts der Naht) ein deutliches Signal-Maximum wahrzunehmen [8].

Nachdem das Schmelzbad die Hall-Sonde passiert hat, kommt es im Signalverlauf zu einer deutlichen Abnahme der Magnetfeldstärke, die nach ca. 0,4 s auf ein lokales Maximum führt und danach in einem längeren Zeitintervall wieder leicht abfällt, während dessen der Schweißvorgang schon längst beendet ist und der Laserstrahl nach dem Schweißzyklus t_s abgeschaltet ist.

---

[8] Gemäß der in Bild 55 dargestellten Feldlinien müßten die Signale links und rechts der Naht umgekehrt verlaufen (Sonde wird von **B** in umgekehrter Richtung durchsetzt). Der in Bild 55 angenommene Feldlinienverlauf stellt jedoch nur das Feld des zentral in der Schmelze fließenden Stroms dar. Tatsächlich fließt der Strom über den Rand zurück, so daß sich links und rechts der Naht ein symmetrischer Feldlinienverlauf ergeben muß.

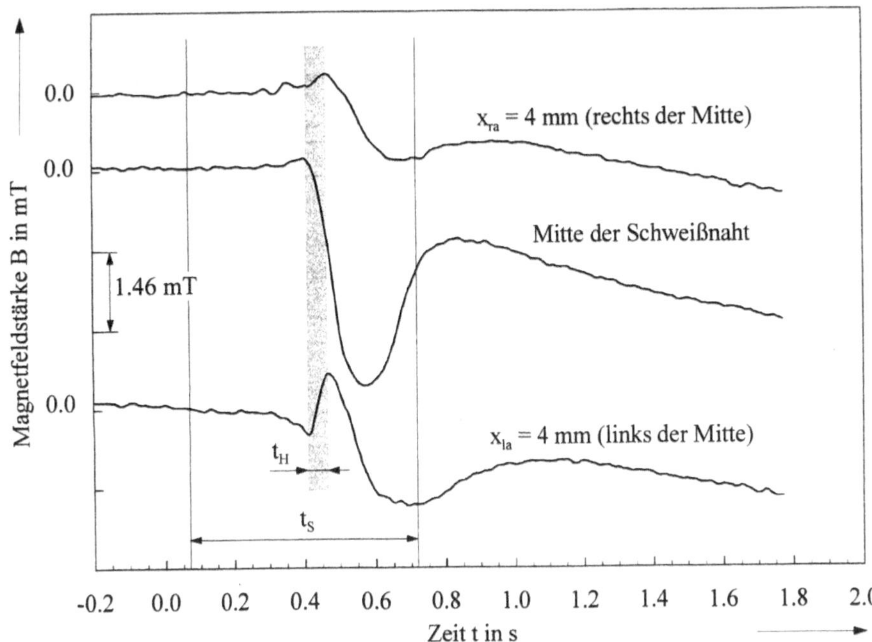

Bild 57: Während des Schweißens aufgezeichneter Verlauf der von der Hall-Sonde ausgegebenen Feldstärken. Gezeigt sind Feldstärken, wenn die Hall-Sonde unmittelbar unter der Schweißnaht positioniert ist bzw. wenn sie im Abstand x_a = 4 mm neben der Schweißnaht positioniert wurde. Material AA6110, s_M = 3 mm, CO_2-Laser TLF 12000, $P_L \approx$ 7 kW, z_f = 0 mm, v_s = 12 m/min, He: 15 l/min, Ar: 15 l/min.

Ist der Sensor unmittelbar unter der Schweißnaht positioniert, kommt es zu einem ausgeprägten lokalen Minimum, das wiederum in ein lokales Maximum übergeht und in einem längeren Zeitintervall abfällt.

Nimmt man den Signalverlauf über die im Diagramm festgehaltenen Zeiten auf t ≫ 2 s, dann läßt sich beobachten, daß nach einigen zehn Sekunden – einer Zeitspanne also, die unmittelbar mit dem Schweißprozeß nichts zu tun haben kann – das Signal nach Erreichen eines erneuten lokalen Minimums asymptotisch zum Nullzustand zurückkehrt.

Diese langen Zeitintervalle deuten darauf hin, daß das aufgezeichnete Signalverhalten der Sensoren von einem nicht zu vernachlässigenden Temperatureinfluß überlagert ist. In eigens dazu durchgeführten Experimenten konnte festgestellt werden, daß die Sensoren bei Erwärmung um einige 10 °C Signale im Bereich der in Bild 57 für t > 0,8 s gezeigten Werte liefern, ohne daß diese einem Magnetfeld ausgesetzt sind. Dazu wurden die Sensoren, wie in Bild 55 gezeigt, aufgeklebt und das Werkstück mit einem Heißluftgebläse auf ca. 60 °C erwärmt. Es kommt während der Aufheizphase immer zu einer monotonen Signalabnahme – nicht aber zu einer Signalzunahme.

Während das Schmelzbad den Sensor passiert, kann es keinesfalls zu einer Abkühlung unter die Ausgangstemperatur des Werkstücks kommen. Es läßt sich daraus nun schließen, daß die in den Schweißversuchen aufgenommenen Signalzunahmen Hall-Signale sind, die ohne die überlagerte Erwärmung noch deutlicher ausfallen müßten.

Um nun diesen Temperatureinfluß, zumindest qualitativ, aus den Signalen "abziehen" zu können, wurde die Temperatur zunächst auf der blanken Unterseite der Probe mit einem Pyrometer gemessen. Die in Bild 58 aufgezeichneten Temperaturänderungen bestätigen den steilen Temperaturanstieg in der Position unmittelbar unter der Schweißnaht. Ausgehend von der Werkstücktemperatur vor dem Schweißen, kommt es innerhalb der Zeit, in der das Schmelzbad den Meßpunkt passiert, zu einem Maximum und danach zu einer langsameren Temperaturabnahme. Es ist offensichtlich, daß es zu keinem Zeitpunkt zu einer Abkühlung unter die Ausgangstemperatur [9] kommt. Im Abstand $x_a = 4$ mm neben der Schweißnaht ist dieses Temperaturverhalten wegen der Wärmeableitung ins Werkstück entsprechend gedämpft. Das Rauschen im Signalverlauf ist auf die verwendete Verstärkerschaltung zurückzuführen, die lokalen Spitzen im Signal gehen auf Schweißspritzer zurück, die während des Schweißens durch den Strahlengang zum Pyrometer flogen.

Zwischen Hall-Sonde und Werkstück wurden zur Wärmeisolation Epoxidharzplättchen (EP) geschoben, die im Bereich der Sensorauflagefläche auf ca. 0,2 mm abgefräst waren. Der Temperaturverlauf, dem der Chip dann tatsächlich ausgesetzt war, ist in Bild 59 festgehalten. Aufgrund der eigenen Wärmeaufnahme der Platte wurde die Temperaturspitze in der Position unter der Schweißnahtmitte merklich gedämpft.

Vergleicht man den Temperaturverlauf aus Bild 59 mit den Signalen aus Bild 57, so zeigt sich bei $x_{ra} = 4$ mm im Zeitintervall t_H eine Temperaturerhöhung von kaum einem Kelvin. Während des Zeitintervalls t_H ist aufgrund der Isolation durch die EP-Platte eine Wärmebeeinflussung der Hall-Sonden weitgehend auszuschließen.

---

[9] Gemäß des Temperaturverhaltens der Hall-Sonde würde nur eine Abkühlung auf Temperaturen kleiner der Ausgangstemperatur ein größeres Hall-Signal als am Anfang verursachen.

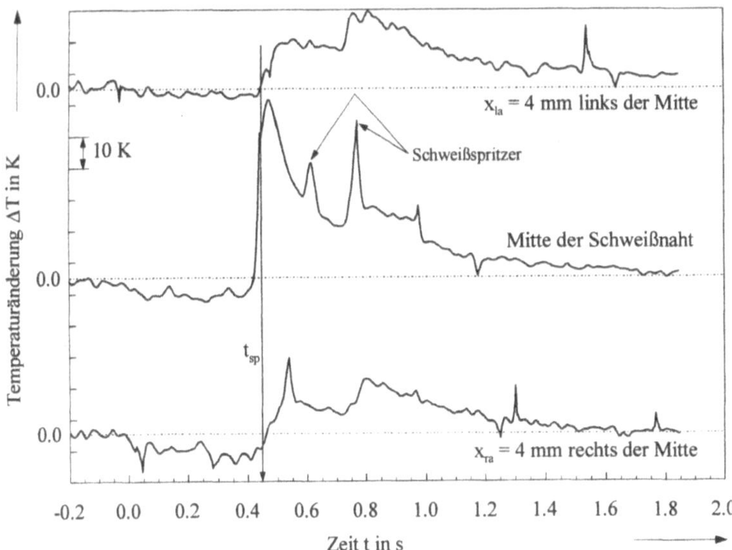

Bild 58: Pyrometermessung des Temperaturzyklus auf der blanken Unterseite der Werkstückplatte. Gemessen unmittelbar unter der Schweißnahtmitte bzw. im Abstand $x_a = 4$ mm links und rechts neben der Schweißnaht. Material und Schweißbedingungen wie in Bild 57.

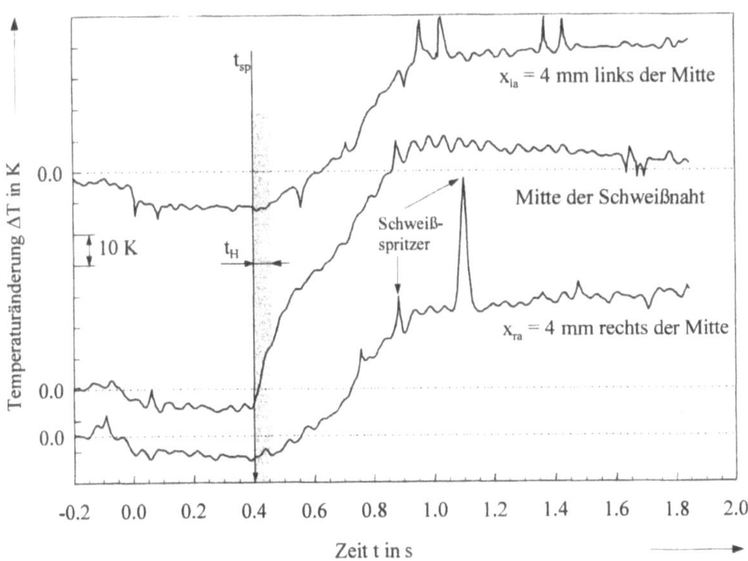

Bild 59: Pyrometermessung des Temperaturzyklus, gemessen auf der Unterseite des Epoxidharzplättchens. Meßpunkt unmittelbar unter der Schweißnahtmitte bzw. im Abstand $x_a = 4$ mm links und rechts neben der Schweißnaht. Material und Schweißbedingungen siehe Bild 57.

In Verbindung mit dem gemessenen Sensorverhalten, das bei Erwärmung in der nach Bild 55 gezeigten Einbauposition mit einer Signalabnahme reagiert, kann man den Schluß ziehen, daß die Zunahmen und Spitzen im Signalverlauf der Hall-Sonden tatsächlich durch ein **B**-Feld verursacht werden. Auch Schweißspritzer können den Anstieg nicht bewirken, da der Signalverlauf im Intervall t_H reproduzierbar ist, die Spritzer aber stochastisch auftreten.

Das Hall-Signal bzw. die sich daraus ergebende Magnetfeldstärke in Schweißnahtmitte zeigt innerhalb des Zeitintervalls t_H keine Signalzunahme, vgl. Bild 57. In Einklang mit der größten Erwärmung in dieser Positionierung ist der Temperatureinfluß derart hoch, daß nicht geklärt werden kann, ob diesem Signalverlauf auch ein Hall-Signal überlagert ist oder ob dies der alleinige Einfluß der Sensorerwärmung ist. Geht man allerdings davon aus, daß die gemessenen Magnetfeldstärken links und rechts der Naht die der in Bild 55 eingezeichneten Feldverteilung des Nettostroms sind und daß die Hall-Sonden nur in zu ihrer Oberfläche lotrechter Wirkrichtung empfindlich sind (Bild 56), ist es nur folgerichtig, daß die Hall-Sonden in der Mitte der Naht keine meßbaren Magnetfeldstärken registrieren.

Mit der Annahme, das Zentrum des elektrischen Stroms liegt 2 mm oberhalb und 4 mm links des Hall-Sondenzentrums, vgl. Bild 60, ergibt sich aus der gemessenen vertikalen Komponente $B_v = 5{,}4 \cdot 10^{-4}$ T (Bild 57) eine tangentiale Magnetfeldstärke von $B_T = 6{,}04 \cdot 10^{-4}$ T. Dies entspricht gemäß Gleichung (11) einer Stromstärke von ca. 13,5 A. Entsprechend ergibt sich für die ca. $3{,}8 \cdot 10^{-4}$ T betragende Amplitude rechts der Mitte ein B_T von $4{,}2 \cdot 10^{-4}$ T, so daß sich daraus ein Strom von ca. 9 A errechnen läßt.

Für die Diskussion der Ursachen und Wirkung des festgestellten

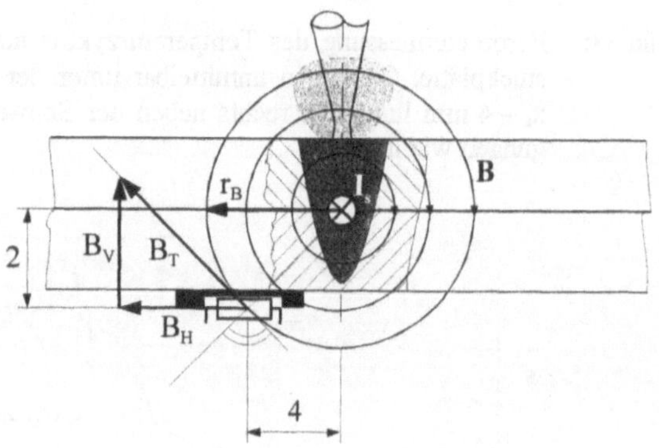

Bild 60: Unter Annahme einer radialen Feldverteilung läßt sich aus der mit der Hall-Sonde gemessenen Komponente B_V nach Gleichung (11) auf die Nettostromstärke schließen.

Stroms wäre es sicher von Vorteil, den zeitlichen Verlauf des Magnetfelds über den gesamten Schweißprozeß unverfälscht messen zu können. Im anschließenden Abschnitt ist deshalb eine ergänzende Meßmethode zum Nachweis des elektrischen Stroms beim Laserstrahlschweißen ausgeführt.

5.2.3 Messung der Magnetfeldänderung

Mittels temperaturunempfindlicher Hall-Sonden würde der gesamte zeitliche bzw. örtliche Verlauf des vermuteten **B**-Felds aufgenommen werden. Eine Änderung des Magnetfelds hingegen kann auch ohne Hall-Sonden induktiv gemessen werden. Dazu können Spulen eingesetzt werden. Als Signal kann dann direkt die in der Spule induzierte Spannung gemessen werden. Eine thermische Beeinflussung des Ohmschen Spulenwiderstands, der sich auf die induzierten Spannungen auswirken könnte, ist bei der im vorliegenden Fall wirksamen Erwärmung von maximal einigen Kelvin sicher auszuschließen.

Als geeignet haben sich für diese Art der Messung Audio-Tonbandköpfe erwiesen. Diese sind weitgehend durch einen Metallmantel gegen Störeinflüsse abgeschirmt.

In Anlehnung an die Positionierung der Hall-Sonden wurden die "Sensorspulen" ebenfalls auf der Unterseite der Schweißprobe auf einem zwischengeschobenen EP-Plättchen aufgeklebt, vgl. Bild 61. Die Pole der Spulenkerne wurden sowohl quer als auch längs zur Schweißnaht ausgerichtet.

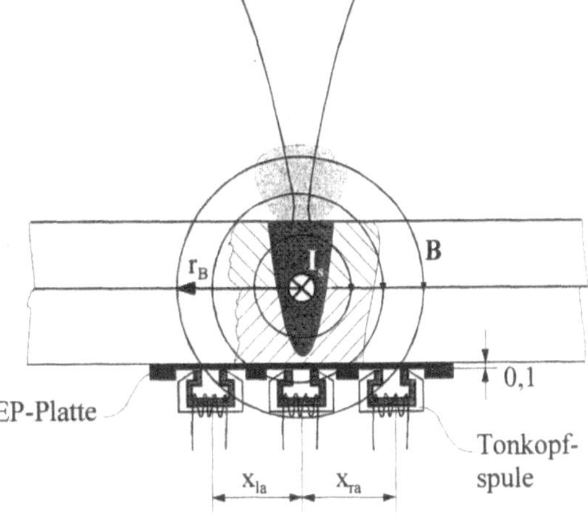

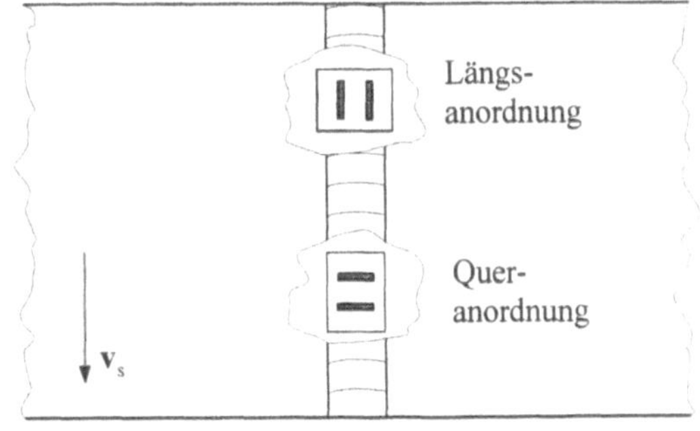

Bild 61: Positionierung der Sensorspulen zur Messung von d**B**/dt.

Unter denselben Versuchsbedingungen, unter denen die in Bild 57 gezeigten Hall-Sonden-Messungen durchgeführt wurden, konnte mit dieser Spule das in Bild 62 dargestellte Signal aufgezeichnet werden. Gut zu erkennen ist im Zeitintervall t_{sp} ein schnell wechselndes Spannungssignal, das deutlich über dem Rauschpegel liegt. Dieses Intervall entspricht analog zu den Messungen mit der Hall-Sonde in etwa der Zeit, in der das Schmelzbad die Spule passiert ($t_{sp} \approx t_H$).

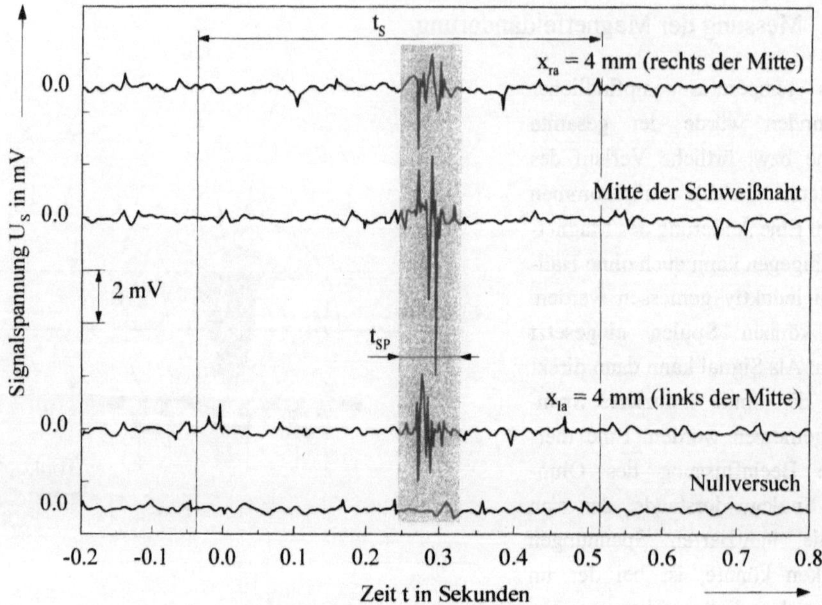

Bild 62:   Aufzeichnung der an den Spulen in *Längsanordnung* gemessenen Spannungen. Im Nullversuch blieb der Laserstrahl abgeschaltet. AA 6110, $P_L \approx 6{,}5$ kW, $s_M = 3$ mm, $v_s = 16$ m/min, $z_f = 0$ mm, $d_f = 0{,}3$ mm, He: 25 l/min.

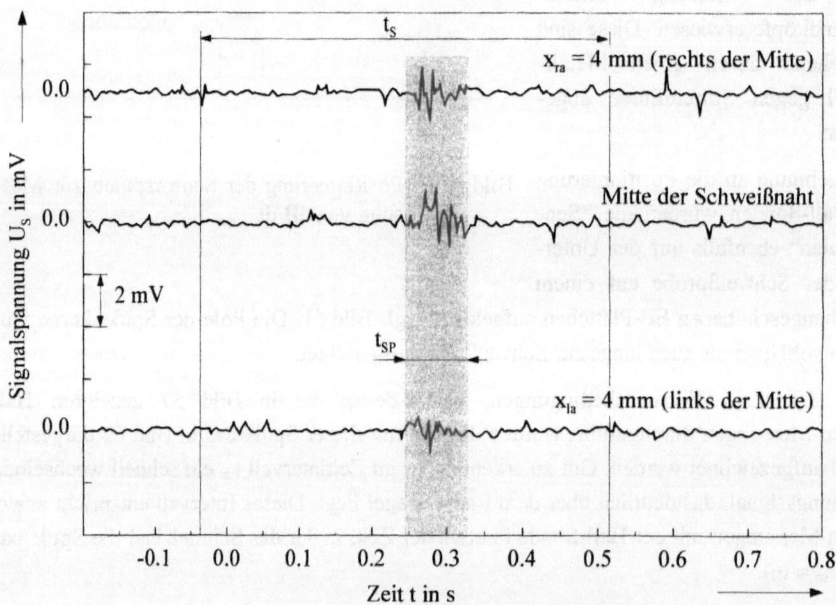

Bild 63:   Bei gleichen Versuchsbedingungen wie in Bild 62 aufgezeichnete Signalspannungen, allerdings in *Queranordnung* der Spulen.

Das Diagramm in Bild 62 zeigt ebenfalls einen Signalverlauf, der "ungestört" ist. Es handelt sich dabei um einen "Nullversuch". Bei diesem Versuch wurde der gesamte Anlagenprogrammzyklus durchfahren, ohne daß jedoch der Laserstrahl eingeschaltet war. Es sind demnach alle elektrischen Antriebe eingeschaltet, die auch während des Schweißzyklus in Betrieb gewesen sind. Diese Kurve stellt somit sicher, daß das Spulensignal im Zeitintervall t_{sp} nicht durch die Anlage verursacht oder gestört wurde, sondern daß es sich hierbei um ein vom Schweißprozeß erzeugtes Signal handelt.

Ein derartiger Signalverlauf ließ sich unter allen im Rahmen dieser Untersuchungen betrachteten Variationen von Laserleistung (CO_2-Strahlung: $3\,kW < P_L < 7\,kW$), Schutzgasen (Ar, He, Ar/He) und Schweißgeschwindigkeiten ($5\,m/min < v_s < 16\,m/min$) feststellen.

Im wesentlichen waren die Signale von der Laserleistung und Position der Spulen abhängig, ebenso waren sie gemäß der Schweißgeschwindigkeit von entsprechender Dauer. Eine regelmäßige Struktur konnte darin jedoch selbst bei unveränderten Schweißparametern nicht erkannt werden. Die Frequenzen scheinen höher zu sein, als es die Abtastfrequenz des Speicheroszilloskops zur Aufzeichnung ermöglicht. In Anhang 7.3, Bild 83 ist das Spulensignal innerhalb des Zeitintervalls t_{sp} über 200 ms und 20 ms mit der maximalen Abtastfrequenz des Oszilloskops aufgezeichnet. Auch hier zeigt sich, daß die Frequenzen nicht aufgelöst werden können.

Zweck dieser Messungen mit Spulen war es, einen von den Hall-Sonden unabhängigen Nachweis des elektrischen Stroms beim Laserstrahlschweißen zu führen. Gemäß dem Induktionsprinzip der Spule sollte sich durch Integrieren der aufgezeichneten Spulenspannungen ein mit dem Hall-Sonden-Signal vergleichbares Magnetfeldverhalten ergeben.

Integriert man beispielsweise das Spulensignal einer Messung bei der Position links oder rechts der Naht, dann kann man, wie in Bild 64 gezeigt, zunächst einen von den Hall-Sonden her bekannten Signalanstieg erkennen. Es gibt jedoch auch Fälle, in denen das nicht paßt. Der Grund dafür ist, daß sich der Signalverlauf zur genaueren Wiedergabe nicht ausreichend fein diskretisieren läßt.

Handelt es sich bei diesem Signal um zwei verschiedene Quellen, nämlich den vermuteten Nettostrom und eine zweite, höher frequente Ursache, dann läßt sich der effektive Signalverlauf mangels der Signalauflösung nicht verläßlich integrieren.

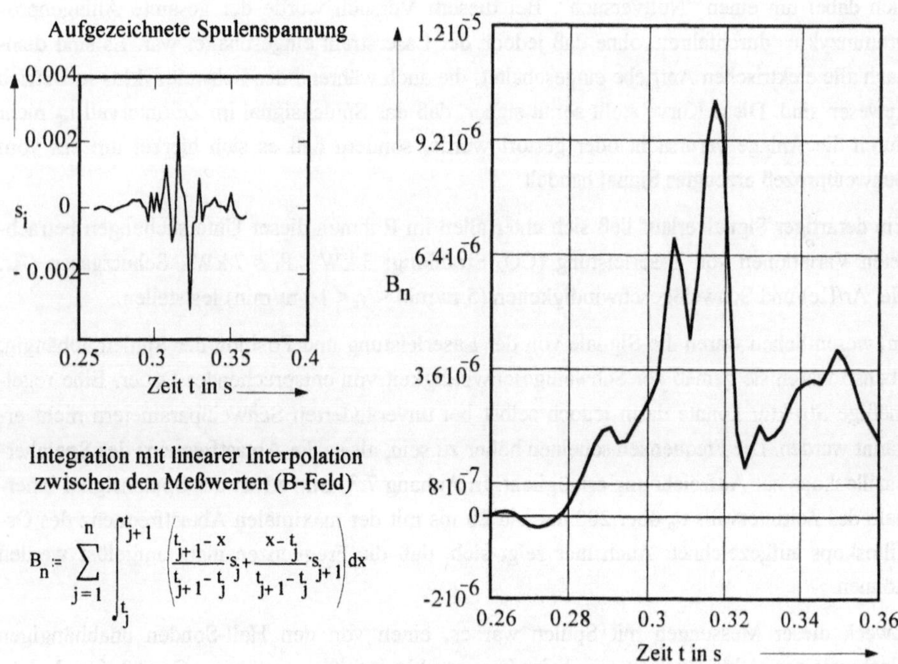

$$B_n := \sum_{j=1}^{n} \int_{t_j}^{t_{j+1}} \left(\frac{t_{j+1} - x}{t_{j+1} - t_j} \cdot s_j + \frac{x - t_j}{t_{j+1} - t_j} \cdot s_{j+1} \right) dx$$

Bild 64:   Numerische Integration der Signalspannung der Sensorspule.

5.3   Messungen beim Schweißen mit Nd:YAG-Laserstrahlung

Bislang wurden Beobachtungen und Ergebnisse des MGL beim Schweißen mit CO_2-Laserstrahlung diskutiert. Parallel zu den bereits vorgestellten Versuchen und Messungen wurden im Rahmen dieser Arbeit auch Untersuchungen zum MGL mit Nd:YAG-Lasern durchgeführt. Die dabei aufgezeichneten Signale lassen zusammen mit den Erkenntnissen über das magnetisch gestützte CO_2-Laserstrahlschweißen eine bessere Interpretation des Meßverhaltens der Hall-Sensoren und der Spulen zu. Beim MGL mit Nd:YAG-Laserstrahlung bis 2,8 kW Einzelstrahlleistung konnten zwar keine signifikanten Prozeßverbesserungen festgestellt werden, die dabei aufgezeichneten Meßsignale verhelfen jedoch zu einem besseren Verständnis der Prozeßzusammenhänge beim MGL.

Diese Erfahrung beruht auf Schweißversuchen an den schon beim magnetisch gestützten Schweißen mit CO_2-Laserstrahlung untersuchten Al-Legierungen (AlMgSi1, AlMg4.5). Die Oberraupentopologie läßt dabei keine sichtbaren Unterschiede in der Oberraupenqualität erkennen, vgl. Bild 65, Naht 1 bis 6. Die dabei erzielten Nahtquerschnitte lassen nur ansatzweise einen Einfluß des Magnetfelds erkennen (Bild 66, Nähte 2, 4 u. 6). Veränderte Nahtquerschnittsformen – wie in den Schliffen gezeigt – könnten jedoch durchaus im Rahmen der experimentellen Streuung des originären Schweißprozesses liegen. Man könnte diese Formen im Vergleich zu den Unterschieden beim magnetisch gestützten CO_2-Laserstrahlschweißen durchaus auch als unbeeinflußt klassifizieren. Auch bei Erhöhung der Schweißgeschwindigkeit bis 10 m/min, bei der im Vergleich zur Schweißnaht mit 6,8 kW CO_2-Strahlleistung nur ca. 1/3 so tief eingeschweißt wurde, konnte kein Einfluß des Magnetfelds auf das Schweißverhalten festgestellt werden, vgl. Bild 65, Nähte 7 bis 12 und Bild 66, Nähte 8, 10 und 12.

Obwohl die Versuche mit einer Schweißgeschwindigkeit von zunächst $v_s = 5$ m/min und einer Laserstrahlleistung von $P_{Lmax} = 2800$ W an die Streckenenergie ($P_L/v_s \approx 34$ kJ/m) der Schweißungen mit CO_2-Strahlung (6,8 kW) angepaßt waren, sind sie mit diesen nicht vergleichbar. Die Einschweißtiefen und Schweißgeschwindigkeiten und somit die erzielten Strömungsverhältnisse im Schmelzbad sind zu verschieden.

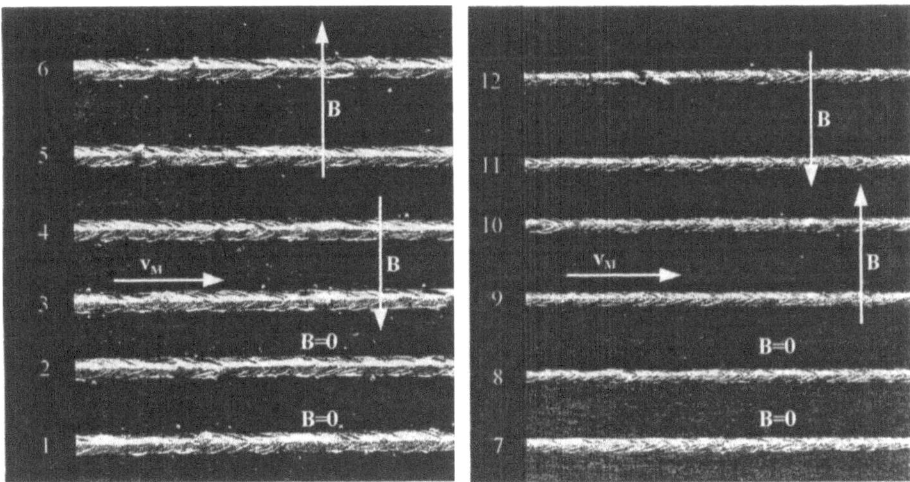

Bild 65:   Beim Schweißen mit Nd:YAG-Laserstrahlung ist kein Einfluß eines hinzugeschalteten Magnetfelds zu beobachten. Nd:YAG-Laser, $P_L \approx 2800$ W, $d_f = 0,3$ mm, $z_f = 0$ mm, $B \approx 0,1$ T, He: 25 l/min, AlMgSi1, $s_M = 3$ mm; Naht 1-6: $v_s = 5$ m/min; Naht 7-12: $v_s = 10$ m/min.

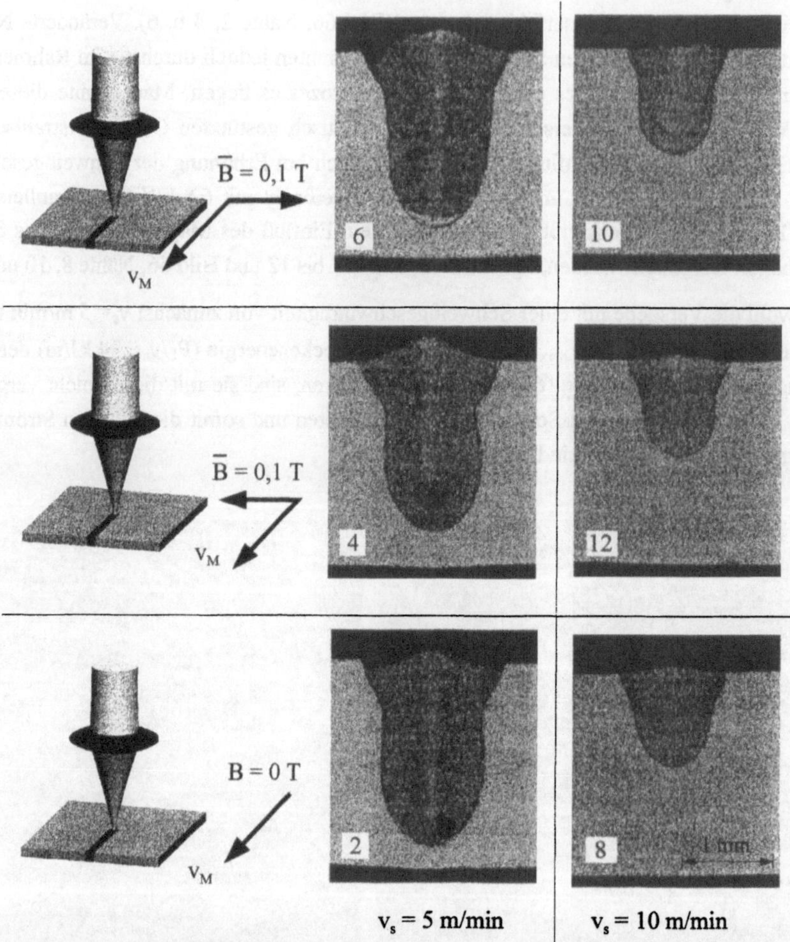

Bild 66:   Schliffe der in Bild 65 gezeigten Schweißnähte. Sie zeigen keinen signifikanten
            Einfluß des MGL beim Schweißen mit Nd:YAG-Laserstrahlung.

Interessant an diesen Versuchen ist, daß sich dieses Prozeßverhalten auch in den dazu durchgeführten Messungen mit den Hall-Sensoren und den Spulen widerspiegelt. Bild 67 zeigt exemplarisch das dabei auftretende Signalverhalten. Da in diesem Diagramm sowohl das Signal der Spule als auch die Signale der Hall-Sensoren enthalten sind, ist als Ordinate nur die gemessene Signalspannung und nicht die resultierende Magnetfeldstärke angegeben.

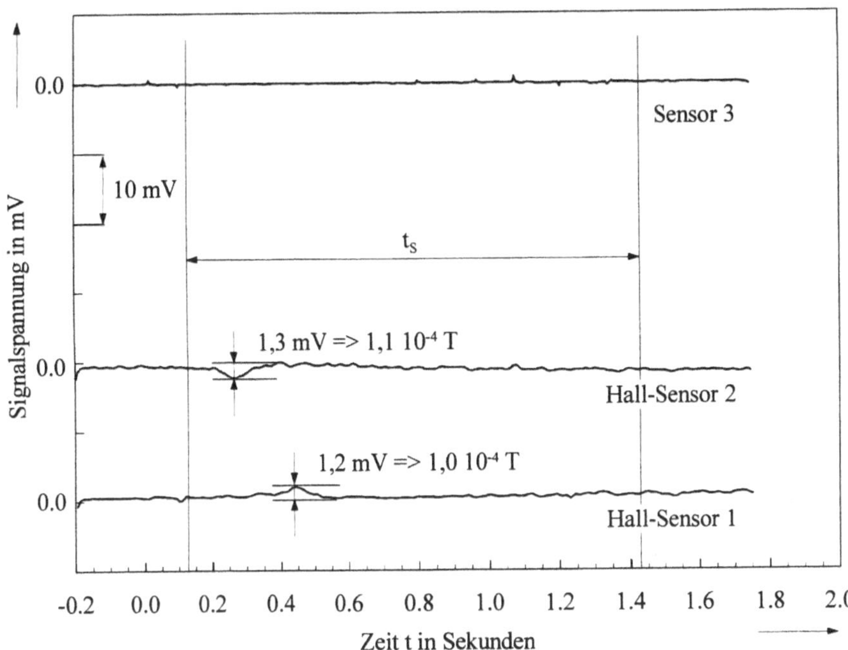

Bild 67:　Das Diagramm zeigt die während des Schweißens der Naht 2 (vgl. Bild 65 u. 66) aufgezeichneten Signalspannungen. Der Hall-Sensor 1 ist mit seiner Oberseite und der Hall-Sensor 2 mit seiner Unterseite auf der Werkstückunterseite angebracht worden. An der Spule (Sensor 3) sind während des Schweißens keine über den Rauschpegel reichenden Spannungen meßbar.

Entgegen der bisherigen Positionierung wurden hier drei Sensoren links der Naht hintereinander angeordnet, so daß die Signale im Diagramm einen Zeitversatz aufweisen und das Prozeßverhalten somit an unterschiedlichen Schweißstellen bzw. zu verschiedenen Zeiten wiedergegeben wird. Außerdem wurde ein Hall-Sensor umgekehrt, d.h. mit dessen Unterseite an der Werkstückunterseite, angebracht. Wegen seiner umgekehrten Einbaulage ist dessen Signal invertiert (vgl. dazu auch die Wirkrichtung der Hall-Sonde in Bild 56).

Beide Hall-Sensoren liefern in der Zeit, in der das Schmelzbad die Hall-Sonden passiert, eine kleine Signalspannung von etwa 1 mV. Diese Spannung entspricht einer Feldstärke von ca. 10^{-4} T. Die in der Spule (Sensor 3) induzierte Spannung ist jedoch nicht mehr meßbar. Damit verglichen lagen die beim Schweißen mit CO_2-Strahlung bestimmten Feldstärken bis zu Faktor fünf darüber.

Über das gesamte Geschwindigkeitsfeld (5 m/min $\leq v_s \leq$ 10 m/min) konnte auch bei Verwendung verschiedener Schutzgasmischungen sowie beim Schweißen ohne Schutzgas kein Spulensignal beobachtet werden.

Hingegen zeigten vergleichbare CO_2-Schweißungen mit ca. 3 kW Strahlleistung und einer Schweißgeschwindigkeit von 5 m/min bereits deutliche Signale der Meßspulen, vgl. Bild 68.

Eine signifikante Beeinflussung des Schweißprozesses (Oberraupentopologie, Schweißnaht-form) durch das MGL war dabei nicht zu erkennen. Entsprechend der bei diesen Prozeßbe-dingungen gegenüber der in Bild 45 reduzierten Einschweißtiefen und Schmelzbadvolumina ist es offensichtlich, daß man hier außerhalb des Prozeßfensters liegt, in dem das MGL seine Effekte erzielt.

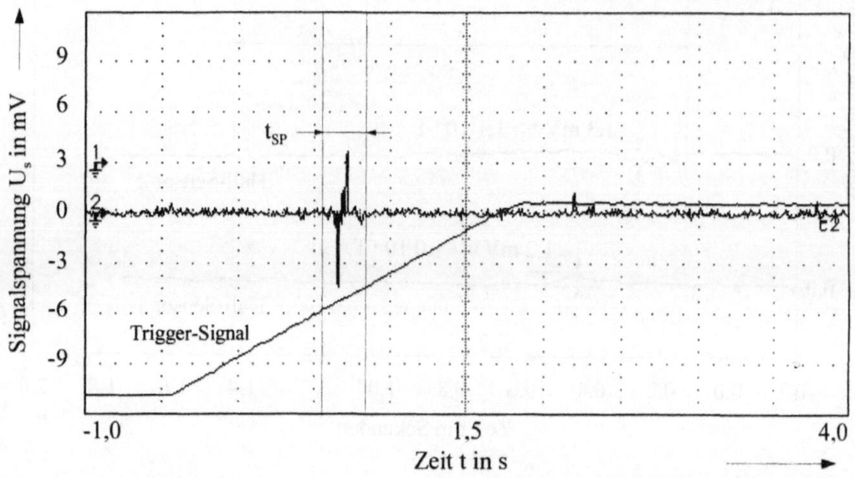

Bild 68:   Selbst bei geringerer Leistung sind beim Schweißen mit CO_2-Laserstrahlung Spannungssignale an der Sensorspule meßbar, während mit diesen Parametern beim MGL noch keine Auswirkungen auf die Schweißnahtqualität oder -form sichtbar wurden. AA 6110, $P_L \approx 3$ kW, $s_M = 3$ mm, $v_s = 5$ m/min, $z_f = 0$ mm, $d_f = 0{,}3$ mm, He: 25 l/min.

Das Besondere an den Messungen in Bild 67 ist, daß eine Temperaturbeeinflussung der Hall-Sonden, nachdem das Schmelzbad den Laserstrahl passiert hat, nicht mehr zu erkennen ist. Dies ist auf eine bessere Wärmeisolation durch einen veränderten Klebstoff zurückzufüh-ren, und nicht auf einen durch die geringere Einschweißtiefe vergrößerten Abstand zwischen Sensor und Schmelzbad. Die Materialdicke wurde, wie schon bei den CO_2-Laserstrahlschweißungen erläutert, an die Einschweißtiefe angepaßt, so daß das Material bis auf 0,1 bis 0,2 mm durchgeschweißt wurde. Eine Temperaturbeeinflussung des Chips über die erwärmte EP-Platte ließ sich bei unveränderter **B**-Feldsensitivität nach dieser Methode deutlich reduzieren.

Anhand der in diesem Abschnitt erörterten Untersuchungen und Beobachtungen ist davon auszugehen, daß die Hall-Signale und Spulensignale auf verschiedene Ursachen zurückzufüh-ren sind. Unabhängig von den Hall-Signalen, die sowohl beim Schweißen mit CO_2-Laserstrahlung als auch mit Nd:YAG-Laserstrahlung aufgezeichnet wurden, kommt es nur beim Schweißen mit CO_2-Strahlung zu hochfrequenten Spannungen an den Sensorspulen.

5.3.1 Zusammenfassung

Ausgangspunkt der mit einer Hall-Sonde und Spulen aufgezeichneten Signale beim Laserstrahlschweißen war die empirische Beobachtung, daß die vorgestellte Verfahrensvariante des MGL eine Vorzugsrichtung des B-Felds besitzt.

Phänomenologisch ließ sich diese Vorzugsrichtung und das dabei beobachtete Prozeßverhalten mit folgender Hypothese in Einklang bringen: Beim Laserschweißprozeß fließt im Schmelzbad ein elektrischer Nettostrom, so daß durch ein vorhandenes Magnetfeld die Kraft $j \times B$ auf die Schmelze wirkt. Die Wirkrichtung dieser Kraft $j \times B$ hängt dann vom Vorzeichen des Magnetfelds ab.

Zur Klärung dieser Hypothese wurden während des originären Laserschweißprozesses, d.h. ohne daß ein externes Magnetfeld zugeschaltet war, Messungen durchgeführt, die das Magnetfeld, das einen solchen elektrischen Strom umgeben würde, nachweisen sollten.

Die eingesetzten Halbleiter-Chips, die durch Nutzung des Hall-Effekts solche Magnetfelder nachweisen können, lassen aufgrund ihrer Temperaturabhängigkeit und der beim Schweißen kaum zu vermeidenden Erwärmung nur vom Temperaturzyklus überlagerte Messungen zu. Ergänzende Temperaturmessungen und Maßnahmen zur Wärmeisolation lassen jedoch den Schluß zu, daß das mit diesen Sensoren aufgezeichnete signifikante Prozeßsignal im ersten Signalabschnitt den zeitlichen Verlauf eines B-Felds wiedergibt. Somit sind diese Messungen eine Bestätigung dafür, daß beim originären Laserstrahlschweißen ein elektrischer Strom in der Schmelze entsteht.

Das ergänzend eingesetzte induktive Meßprinzip ist temperaturunempfindlich. Auffallend an diesen Messungen ist, daß das induktiv aufgenommene Prozeßsignal nur beim Schweißen mit CO_2-Strahlung festgestellt werden konnte – unabhängig davon, ob man sich dabei im Prozeßfenster des signifikanten Einflusses des MGL befand oder nicht. Beim Schweißen mit Nd:YAG-Laserstrahlung bei ca. 3 kW Leistung konnten weder induktiv aufgezeichnete Meßsignale registriert, noch konnte eine ausgeprägte Wirkung des MGL beobachtet werden.

Zusammenfassend läßt sich festhalten:

- Nach diesen Untersuchungen ist davon auszugehen, daß beim originären Laserstrahlschweißen sowohl mit CO_2- als auch mit Nd:YAG-Laserstrahlung ein elektrischer Strom erzeugt wird, der gemäß der aufgestellten Hypothese die Ursache für die Vorzugsrichtung des MGL ist.

- Beim Schweißen mit Nd:YAG-Laserstrahlung konnte induktiv kein Prozeßsignal registriert werden.

- Eine mit dem signifikanten Effekt des MGL beim Laserstrahlschweißen mit CO_2-Strahlung vergleichbare Auswirkung konnte beim Schweißen mit Nd:YAG-Laserstrahlung nicht erzielt werden.

Diese Feststellungen beziehen sich auf die Prozeßbedingungen und Schweißergebnisse, die im Rahmen dieser Untersuchungen und der dazu zur Verfügung stehenden Anlagen realisiert werden konnten. Es ist nicht auszuschließen, daß das MGL mit Nd:YAG-Strahlleistungen über 3 kW Strahlleistung zu den beim Schweißen mit CO_2-Strahlung beobachteten Effekten führt.

5.4 Modellvorstellung

Nach den vorstehenden Messungen ist es der elektrische Nettostrom in der Schmelze, der die Vorzugsrichtung des MGL verursacht.

Neben der nun interessierenden Frage,
- worin denn die Ursache dieses Stroms besteht,

stellt sich ebenfalls die Frage,
- was die Quelle der induktiv aufgezeichneten Spulensignale ist.

5.4.1 Quelle der Spulensignale

Die Quelle der Spulensignale wird deutlich, wenn man das wellenlängenabhängige Signalverhalten und den Einfluß der Wellenlänge auf den Schweißprozeß betrachtet.

Unabhängig von der Diskussion zur Rolle des Plasmas beim Schweißen mit Nd:YAG-Laserstrahlung und der Frage, ob es beim Schweißen mit Nd:YAG-Lasern überhaupt zu einem Plasma kommt [110], ist hinlänglich bestätigt, daß die Absorption der Laserstrahlung in einem Plasma proportional zu λ^2 ist [10]. In Folge der um den Faktor 10 kürzeren Wellenlänge der Nd:YAG-Laserstrahlung kommt der Absorption des Laserstrahls in der Plasmafackel auf jeden Fall nicht die Bedeutung zu, die sie beim Schweißen mit CO_2-Strahlung hat. Käme es bei ausreichender Energiedichte des Nd:YAG-Laserstrahls dennoch zu einem Plasma, würde im Vergleich zu einem CO_2-Laserstrahl gleicher Leistungsdichte nur 1/100 der Energie des Laserstrahls in die Plasmafackel eingekoppelt. Die Folge davon ist, daß der Ionisationsgrad und die Größe der Plasmafackel geringer bzw. kleiner sein würden.

Die Tatsache, daß nur beim Schweißen mit CO_2-Laserstrahlung Spulensignale gemessen werden konnten, beim Schweißen mit Nd:YAG-Strahlung jedoch nicht, geht einher mit dem grundsätzlich geringen Ionisationsgrad der laserinduzierten Plasmafackel beim Schweißen mit Nd:YAG-Strahlung. Es ist deshalb naheliegend, daß die beim Schweißen mit CO_2-Laserstrahlung aufgezeichneten Spulensignale von Störungen durch die Plasmafackel herrühren.

5.4.2   Ursache des elektrischen Stroms

Die Messungen während der Versuche mit Nd:YAG-Strahlung zeigen offensichtlich auch dann einen Strom, wenn an den Spulen kein Plasmasignal aufgezeichnet werden konnte, vgl. Bild 67. Das Plasma als Quelle des Stroms scheidet demnach also aus. Eine Hypothese zum Ursprung sei im folgenden erörtert.

Im Zusammenhang von Lasermaterialbearbeitung mit Kurzzeitpulsen höchster Energiedichten (10^{-7} W/cm^2 < I < 10^{14} W/cm^2, letzteres im Vakuum) wurde in [111] vorgeschlagen und gezeigt, daß sich in der Strahl-Stoff-Wechselwirkungszone aus Laserstrahlenergie elektrischer Strom gewinnen läßt. Dieser Effekt sollte dazu genutzt werden, Satelliten im Weltraum von der Erde aus mit elektrischer Energie zu versorgen. Verschiedene andere Autoren [112, 113] haben diesen Effekt untersucht und kommen zu dem Schluß, daß bei gepulster Laserstrahlung ausreichender Intensität durch das sich aufbauende Plasma über der Wechselwirkungszone E-Felder induziert werden, die in der Werkstückoberfläche einen elektrischen Strom erzeugen. Die Autoren errechneten einen Wirkungsgrad (erzeugte elektrische Energie / auftreffende Laserstrahlenergie) von bis zu 40 % und erreichten im Labor einen Wirkungsgrad von 20 %.

Gemäß den Autoren [112, 113] beruht dieser Effekt auf Induktion und einem "Kontaktmechanismus" und wird durch die gepulste Betriebsweise getrieben. Daneben hat man es beim Laserstrahlschweißen mit Energieflußdichten von maximal einigen 10^6 W/cm² zu tun. Also mit Intensitäten, die um Größenordnungen kleiner sind als die, die zu den genannten Mechanismen eingesetzt wurden. Ferner bleibt beim Schweißen im cw-Betrieb [10] offen, inwieweit die Fluktuation der Plasmafackel nach dem gleichen Mechanismus Ströme erzeugen kann.

Unabhängig von diesen elektrischen Effekten bei der Strahl-Stoff-Wechselwirkung mit gepulster Laserstrahlung sind beim Elektronenstrahlschweißen thermoelektrisch erzeugte Wirbelströme festgestellt worden [114, 115]. Beim Verschweißen von zwei verschiedenen Metallegierungen hat man, verursacht durch diese Wirbelströme, eine unerwünschte Ablenkung des Elektronenstrahls festgestellt.

Die Spannungsquelle dieser Wirbelströme ist die Kontaktstelle der beiden Metalle. Die Wirbelströme entstehen aus der Thermospannung (Seebeck-Effekt), die infolge der Temperaturgradienten im Bereich der Schweißstelle Potentialunterschiede verursacht. Die Thermospannung an der Kontaktstelle liegt nach [118] für Metalle in der Größenordnung von 10^{-5} V/K. Die Stromstärken, die trotz dieser minimalen Spannungen erzielt werden können, sind beträchtlich und eine Folge des spezifischen Widerstands der Materialien. So wird in [84] beschrieben, daß bei einer Kupfer/Konstantan-Paarung und einem Temperaturunterschied von nur 100 K zwischen den Kontaktstellen in einem Kupferleiter (Ø 10 mm) über 40 A Strom fließt.

Das von den Autoren [115] zur Ablenkung des Elektronenstrahls aufgestellte Modell führt auf eine Abschätzung der Stromstärke im Querschnitt quer zur Vorschubrichtung:

---

[10] Continuous wave, "kontinuierliche" Betriebsweise.

$$I_S = s_M \cdot (T_V - T_A) \cdot \Delta\alpha \cdot \sigma_l \cdot \Gamma^* \,. \tag{12}$$

Das Kurzzeichen Γ^* steht für die maximale Differenz einer für die Berechnung der magneti-schen Erregung **H** eingeführten entdimensionalisierten Funktion. In Abhängigkeit der Péclet-Zahl Pe des Prozesses geben die Autoren [115] für Γ^* die in Tabelle 4 aufgeführten Werte an.

Pe	0,01	0,1	0,5
Γ^*	0,28	0,39	0,54

Tabelle 4: Werte der Maximaldifferenz der entdimensionalisierten magnetischen Erregung nach [115].

Mit der oben angegebenen Thermospannung von 10^{-5} V/K und einer durchschnittlichen elek-trischen Leitfähigkeit σ_l von ca. 10^6 $1/(\Omega\cdot m)$ errechnen die Autoren bei Materialstärken von $s_M = 20$ mm bis 30 mm und einer Temperaturdifferenz von 1000 K über 100 A. Sie postulie-ren ferner, daß dieser Effekt nicht nur beim Elektronenstrahlschweißen, sondern ebenfalls aufgrund vergleichbarer Temperaturgradienten auch beim Laserstrahlschweißen auftritt. Al-lerdings ist dort eine Strahlablenkung durch die magnetische Erregung der thermoelektrisch erzeugten Wirbelströme nicht möglich.

Nun handelt es sich bei dieser Problemstellung natürlich um zwei unterschiedliche Metalle, und die aufgebaute temperaturabhängige Kontaktspannung beruht auf einem Potentialaus-gleich der verschiedenen Gefügestrukturen. Auch wenn man es beim Verschweißen ein und desselben Metalls mit nur einem Material zu tun hat, entstehen im Schweißprozeß doch zwei weitere Gefügestrukturen: Schweißgut mit einer veränderten Legierungszusammensetzung und letztlich die Schmelze selbst.

Mit einem einfachen Thermoelement (Bild 69), ausgeschnitten aus einer Laserschweißnaht (AlMgSi1), läßt sich demonstrieren, daß zwischen Schweißgefüge und Grundmaterial bei Erwärmung um ca. 50 °C eine Kontaktspannung von ca. 50 µV gemessen werden kann, vgl. Bild 70. Dies entspricht einer Thermospannung in der Größenordnung von ca. 10^{-6} V/K – eine Größenordnung kleiner als die zweier verschiedener Metalle.

Eine Thermospannung zwischen Schmelze und Schweißgefüge sowie zwischen Schmelze und Grundgefüge läßt sich allerdings nicht so einfach bestimmen. Wie die in der Literatur angegebene thermoelektrische Spannungsreihe für die Paarung Cu/Hg (-6 µV/K) im Tempe-raturbereich 0 °C < T < 100 °C aber dokumentiert [84], spricht grundsätzlich nichts gegen eine Kontaktspannung zwischen Schmelze und Festkörper.

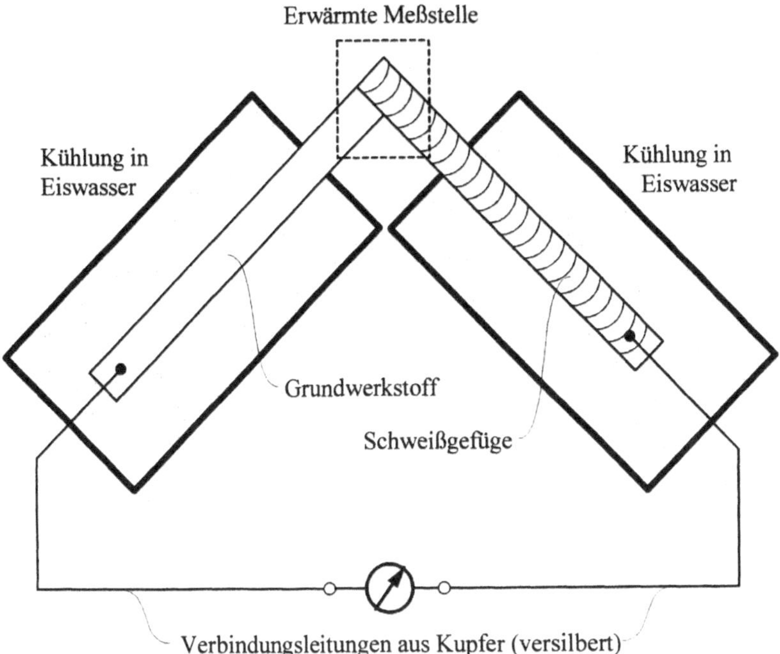

Bild 69: Ein einfaches Thermoelement zur Messung der Thermospannung zwischen Schweißgefüge und Grundmaterial, ausgeschnitten aus einer Schweißnaht.

Geht man nun beim Laserstrahlschweißen von einer Temperaturdifferenz zwischen Verdampfungstemperatur T_v = 2800 °C und Solidustemperatur T_S = 930 °C aus, so ergibt sich gemäß Gl. (12) für eine Materialstärke von s_M = 3 mm und Γ^* = 0,54 eine Stromstärke in der Größenordnung von 6 A.

Nach dieser Abschätzung ist davon auszugehen, daß die beim originären Laserstrahlschweißen gemessenen Ströme thermoelektrischen Ursprungs sind und in der Größenordnung einiger Ampere liegen.

5.4.3 Stromdichteverteilung

In Anbetracht der dreidimensionalen Schmelzbadform (siehe Abschnitt 3.3) ist eine Bestimmung der Stromdichteverteilung im Schmelzbad nicht trivial. Beschränkt man sich auf eine zweidimensionale Betrachtung des Problems, so könnte man folgendes Bild der Stromdichteverteilung im Schmelzbad zeichnen, vgl. Bild 71. An der Solidusisothermen kommt es an der Berührungsstelle zum Grundgefüge zu einer Thermospannung, die, bilanziert mit der Thermospannung zwischen Grundgefüge und Schmelze an der Schmelzbadfront, eine elektrische Stromdichteverteilung erwirkt, so daß ein Nettostrom in Richtung Schmelzbadende fließt. Die Thermospannungen am Schmelzbadrand sind gegeneinander gerichtet und gleich groß. Sie heben sich auf.

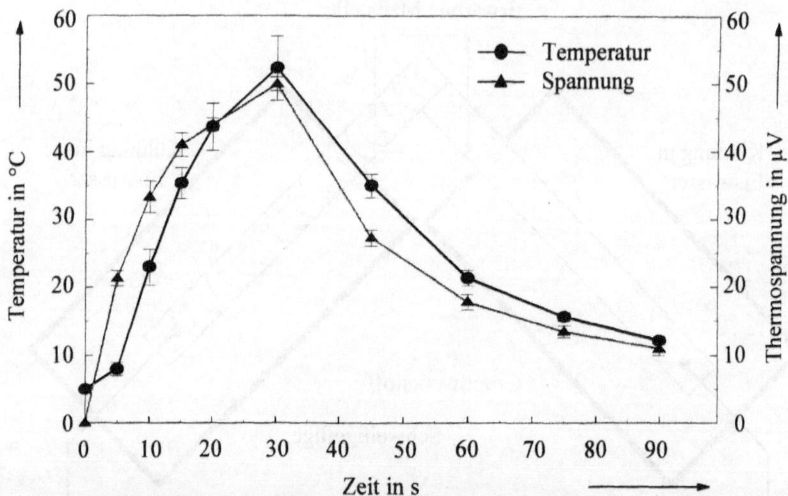

Bild 70:   Die an der Meßstelle (Schweißgut/Grundgefüge) gemessene Spannung verhält sich
ähnlich wie ein zur Messung der absoluten Temperatur an der Meßstelle kalibrier-
tes Thermoelement. Eine mehrfach nacheinander durchgeführte Erwärmung der
Schweißstelle auf ca. 50 °C innerhalb einer Erhitzungsperiode von 30 s ergibt eine
Thermospannung an der Schweißstelle von ca. 50 µV.

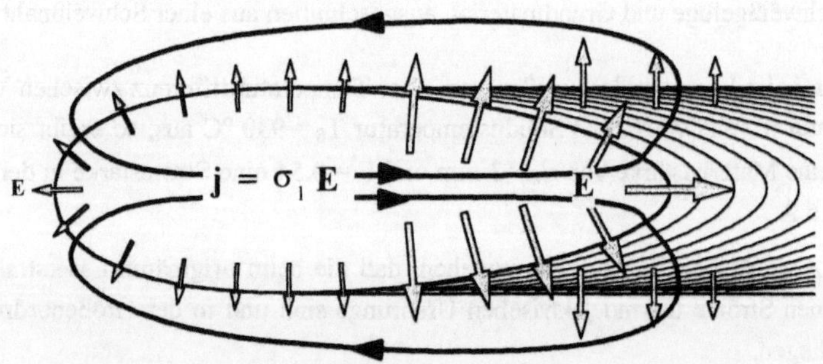

Bild 71:   Unterschiede in der Thermospannung zwischen Schmelze und Grundgefüge an der
Schmelzbadfront sowie zwischen Schmelze und Schweißgefüge am Schmelzbadende führen zu einer Stromdichteverteilung, die effektiv einen in Richtung über
das Schmelzbadende abfließenden Strom erwirkt.

5.5   Beeinflussung der Energieeinkopplung durch das Magnetfeld

Der aus der Dampfkapillare strömende Metalldampf wird infolge der hohen Energiedichten
des Laserstrahls teilweise ionisiert. Es kommt zur Bildung der Plasmafackel, die, wie in Abschnitt 2.3.1 diskutiert, mit dem Laserstrahl wechselwirkt und als Linse die Energieeinkopplung ins Werkstück verändert. Das Plasma jedoch enthält freie Ladungsträger und ist daher

leitfähig. Es kann deshalb prinzipiell durch elektromagnetische Felder beeinflußt werden [116]. Es gilt deshalb im folgenden zu klären, ob das im Bereich der Plasmafackel wirksame magnetische Streufeld auf das Plasma wirkt, so daß die Elektronendichteverteilung und/oder die Kapillarausbildung und damit letztlich die Energieeinkopplung verändert wird.

5.5.1 Einfluß des Magnetfelds auf die Plasmaströmung

Der aus der Dampfkapillare strömende ionisierte Metalldampf erreicht nach Messungen mit einem LDA [11] Geschwindigkeiten in der Größenordnung von 100 m/s [43]. Wirkt nun auf diese Plasmaströmung ein Magnetfeld, so sind darauf ebenso wie im Falle der Schmelzbadströmung die Gesetze der MFD anwendbar. Voraussetzung dafür ist allerdings, daß die Debye-Länge λ_D und der Larmorradius r_L klein gegenüber der typischen Plasmaabmessung ist [116], so daß das Plasma als quasi neutrales Fluid behandelt werden kann.

Nach dem Daltonschen Gesetz errechnet sich die Elektronendichte aus

$$n_e = \frac{p_e}{k \cdot T_e} \, . \tag{13}$$

Dabei ergibt sich p_e aus den Partialdrücken. Bei Umgebungsdruck p_{am} also aus

$$p_{am} = p_0 + p_e + p_i \, . \tag{14}$$

Betrachtet man ein einfach und vollständig ionisiertes Plasma, dann gibt es keine Neutralteilchen ($p_0 = 0$), und es sind ebensoviel Elektronen wie Ionen vorhanden. Gleiche Temperatur der Ionen und Elektronen vorausgesetzt ($T_e = T_i$), ist $p_e = p_i = 1/2\ p_{am}$. Beim Schweißen unter Umgebungsdruck ($p_{am} = 1$ bar) ergibt sich dann, ausgehend von einer Plasmatemperatur von ca. 1 eV (11600 K), eine Elektronendichte von $n_e = 3{,}1 \cdot 10^{23}$ m^{-3}. Daraus läßt sich nach (15) die Debye-Länge λ_D [116] in der Größenordnung von 10^{-6} m abschätzen.

$$\lambda_D = 7437 \sqrt{\frac{T_e}{n_e}} \ ^{(12}. \tag{15}$$

Selbst wenn der Ionisationsgrad kleiner ist und die Elektronendichte n_e nur 1/1000 der Größenordnung der Neutralteilchendichte betrüge ($n_0 \approx 10^{24}$ m^{-3}, bei Umgebungsdruck und $T_0 \approx T_v = 2800$ K), errechnete sich eine Debye-Länge λ_D in der Größenordnung von höchstens 10^{-5} m. Im Vergleich zu den Abmessungen der Dampfkapillare ($\varnothing \approx 0{,}6$ mm, Tiefe $\gg 1$ mm) und der Fackelabmessung im Bereich einiger Millimeter ist die Debye-Länge in jedem Fall klein gegen die Systemlänge.

Schätzt man ferner den Larmorradius r_L der Elektronen nach (16) ab, so ist dieser ebenfalls mit $r_{Le} = 3 \cdot 10^{-6}$ m um Größenordnungen kleiner als die Systemlängen,

---

[11] Laser-Doppler-Anometrie (LDA). Ein optisches Meßverfahren zur Geschwindigkeitsmessung nach dem Doppler-Effekt.

[12] Die Temperatur ist hier in eV einzusetzen und die Teilchendichte n_g in m^{-3}.

$$r_L = \frac{\sqrt{2 m_q k T_{e,i}}}{|q| \cdot B} \ . \tag{16}$$

Der Larmorradius der Ionen jedoch liegt mit $m_q \approx 10^{-25}$ kg und $B = 0,4$ T bei $r_{Li} \approx 3$ mm und reicht in die Größenordnung der Systemlänge der Plasmafackel.

Bei der Anwendung der MFD auf die ionisierte Metalldampfströmung bewegt man sich demnach in einem Grenzbereich. Dennoch wird die MFD auch in solchen Fällen mit Bestätigung durch das Experiment herangezogen [117].

Schätzt man nun – wie auch bei der Schmelzbadströmung – die Hartmann-Zahl ab, so zeigt sich in Bild 72, daß man in der Kapillare ($\emptyset \approx 0,6$ mm, $B_{max} = 0,4$ T) mit Ha < 1 nicht von einem geänderten Geschwindigkeitsprofil ausgehen kann. Im Bereich über dem Werkstück, wo nach Messung (vgl. Anhang 7.2) je nach Material die Streufelder lediglich 0,025 bis 0,05 T erreichten und sich die Fackelabmessungen im Bereich von Millimetern bewegen, bleibt die Hartmann-Zahl deutlich unter 1. Eine Beeinflussung der Plasmaströmung durch das magnetische Streufeld ist demnach auszuschließen. Führt man analog zu Kapitel 4.3 eine Abschätzung der Stuart-Zahl Ns durch, so werden dabei ebenfalls nur Werte unter eins erreicht.

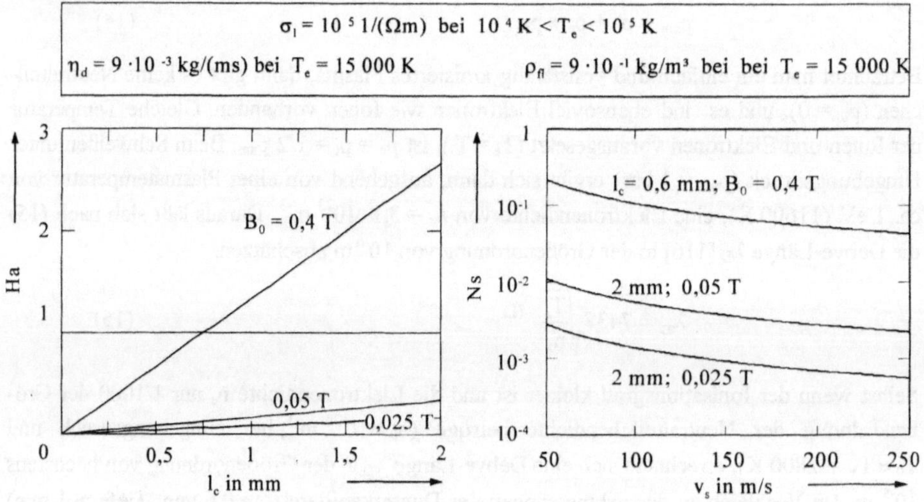

Bild 72:   Im magnetischen Streufeld über dem Werkstück (B ≈ 0,025 bis 0,05 T, $l_c > 1$ mm) und in der Dampfkapillare (B ≈ 0,4 T, $l_c < 1$ mm) werden Hartmann- und Stuart-Zahlen erreicht, die weitgehend kleiner eins sind. Eine Beeinflussung der Plasmaströmung durch das Streufeld ist demnach auszuschließen.

Quintessenz dieser Abschätzung ist, daß das Magnetfeld die Plasmaströmung aus der Kapillare nicht beeinflußt. Von einer Ausströmbehinderung oder Laminarisierung ist deshalb nicht auszugehen. Analog zu der Wirkungsweise der MFM in der Schmelzbadströmung ist auch die Beeinflussung der Plasmaströmung – wenn sie den überhaupt wirksam werden könnte – mit Sicherheit unabhängig vom Vorzeichen des **B**-Felds.

5.5.2   Experimentelle Verifizierung

Um den Einfluß des Magnetfelds auf die Plasmafackel experimentell überprüfen zu können, wurde die Wirkung des aufgebrachten Magnetfelds auf die Plasmalinse untersucht. Dazu wurde gemessen, in wieweit sich die Brechung in der Wolke und damit die Ablenkung eines Probelasers unter Einfluß des Magnetfelds verändert, vgl. den in Bild 73 skizzierten Versuchsaufbau.

Mit einem He-Ne-Probelaser wurde die Plasmafackel während des Schweißens durchleuchtet. Der Einsatz eines CO_2-Probelasers zur direkten Übertragung der Ergebnisse auf den Schweißprozeß ist in diesem Versuchsaufbau aus zwei Gründen nicht möglich: Erstens könnte das Streulicht des Schweißlasers (CO_2-Laser, $\lambda = 10.6\ \mu m$) und das des Probelasers nicht durch einen Filter getrennt werden. Zweitens ist die zur Messung der Ablenkung eingesetzte Sensorik nur bis zu einer Wellenlänge von ca. 1 µm empfindlich.

Die Ablenkung des Probelaserstrahls wurde mit Hilfe einer Lateraleffektdiode aufgezeichnet. Die dazu notwendige Verstärkerelektronik kann Signalfrequenzen bis 400 kHz auswerten. Die Messungen ergaben Signale < 10 kHz, so daß die Elektronik damit für die aufgezeichneten Ablenkungen hinreichend schnell war.

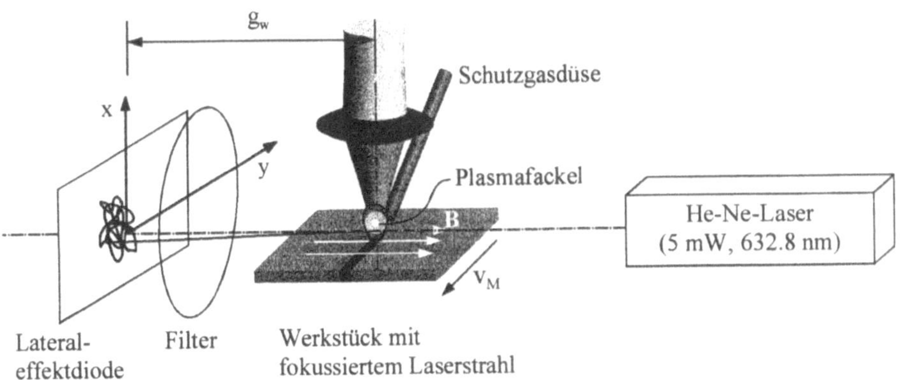

Bild 73:   Versuchsaufbau zur Bestimmung des Einflusses des Magnetfelds auf die Brechung des Laserstrahls in der Plasmafackel.

Zusätzlich wurde ein Interferenzfilter, angepaßt auf die Wellenlänge des He-Ne-Probelasers, verwendet, um zu verhindern, daß das Plasmaleuchten die Lateraleffektdiode überstrahlt und die Meßergebnisse verfälscht.

In Bild 74 sind alle drei Signalausgänge der Lateraleffektdiode während des Schweißens exemplarisch festgehalten. Der He-Ne-Probelaser blieb dabei abgeschaltet. Zu erkennen ist, daß das Plasmaleuchten keinerlei Signale der Lateraleffektdiode zeigt. Die Intensität des diffusen Plasmaleuchtens von dem im Wellenlängenbereich des Filters liegenden Lichtanteil reicht nicht mehr aus, um auf der Diode ein Signal zu erzeugen. Eine Beeinflussung der Messungen durch das Plasmaleuchten ist damit ausgeschlossen.

Die Auswertungen der ersten Experimente zeigten schon Ablenkungen des Probelaserstrahls, bevor der Laser zum Schweißen gezündet wurde, und auch noch nachdem der Laser ausgeschaltet war. Die Ursache dieser Ablenkungen ist eindeutig auf die turbulente Schutzgaszufuhr zurückzuführen.

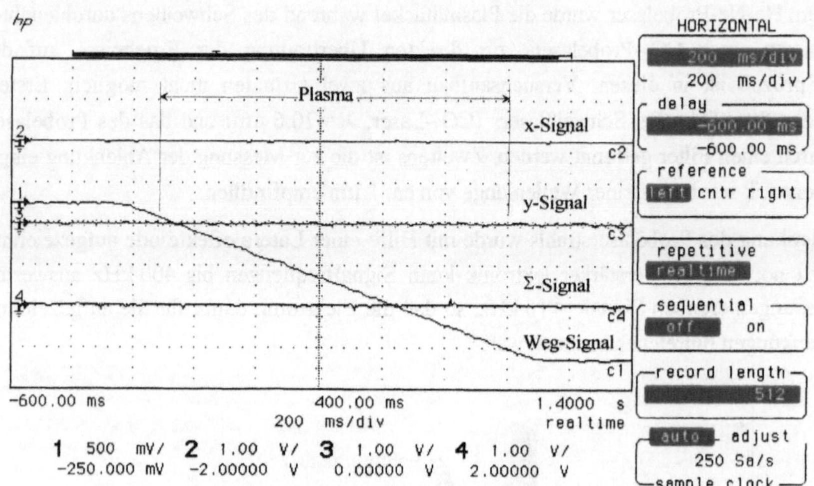

Bild 74:	Ist der Probelaserstrahl während des Schweißens ausgeschaltet, ist an den ungestört verlaufenden Signalen der Lateraleffektdiode (x-, y-, Σ-Signal) zu erkennen, daß das Plasmaleuchten die Lateraleffektdiode nicht beeinflußt.

Zu vergleichen ist diese Ablenkung mit der Brechung eines Lichtstrahls an einem Prisma. Der von Umgebungsluft noch nicht vermischte Schutzgasstrom hat im Freistrahl der Schutzgasdüse die Form eines Kegels. In ebener Betrachtung wird der Laserstrahl wie in einem Prisma gebrochen und abgelenkt. Mit zunehmendem Unterschied der Brechzahlen des Schutzgaskerns und der Umgebungsluft wird der Strahl dann stärker abgelenkt, vgl. Bild 75.

Optische Konstanten	A in 10^{-6}	B in 10^{-18} $1/m^2$
Luft	287,1	1,63
Argon	279,2	1,56
Helium	34,8	0,08

Tabelle 5: Optische Konstanten der aufgeführten Gase nach [122].

Schätzt man, wie nachfolgend gezeigt, den Brechungsindex von Luft, Helium und Argon ab, so kann man Bild 76 entnehmen, daß sich der Brechungsindex von Helium deutlich von dem von Luft unterscheidet. Hingegen ist die Differenz der Brechungsindizes von Argon und Luft nur marginal. Nach dem Brechungsgesetz muß also der Laserstrahl beim schrägen Durchgang durch den Heliumstrom stärker abgelenkt werden.

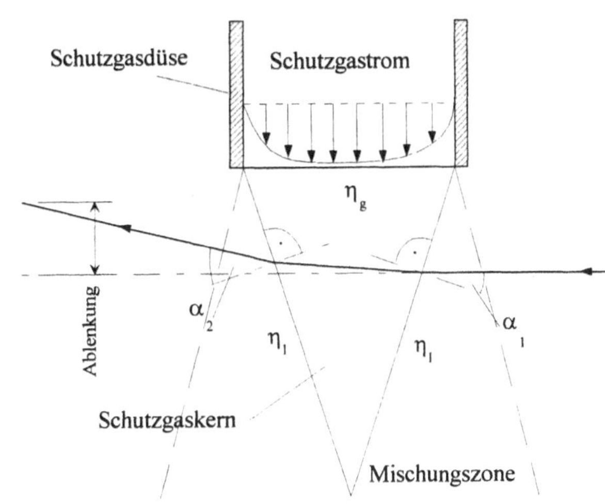

Bild 75: Prinzip der Ablenkung des Laserstrahls beim Durchgang durch den Schutzgasstrom, dessen reiner Schutzgaskern die Form eines Kegels hat.

Für ein nicht ionisiertes Gas läßt sich der Brechungsindex η_g für ein aus dem Vakuum einfallendes Licht nach der Cauchy-Formel [122]:

$$\eta_g - 1 = (A + \frac{B}{\lambda^2}) \cdot \frac{n_g}{N_L} \tag{17}$$

bestimmen, wobei sich die Teilchendichte analog zu (15) aus

$$n_g = \frac{p}{k \cdot T_g} \tag{18}$$

errechnet. Daraus bestimmt sich der Brechungsindex η_g zu:

$$n_g = 1 + \left(A + \frac{B}{\lambda^2}\right) \cdot \frac{p}{k \cdot T_g \cdot N_L} \quad . \tag{19}$$

Bei Umgebungsdruck ($p = 10^5$ J/m³) und den optischen Konstanten A und B des jeweiligen Gases gemäß Tabelle 5 erhält man den in Bild 76 berechneten Verlauf der Brechungsindizes von Argon und Helium im Vergleich zu Luft.

Die Diagramme in Bild 77, in denen alleine das Verhalten des Schutzgasstroms gemessen wurde, zeigen deutlich, wie mit zunehmendem Helium-Anteil im Schutzgasstrom die Varianz der Ablenkungen zunimmt. Dies bedeutet aber nicht, daß ein Helium-Schutzgasstrom turbulenter ist als der eines Argonstroms. Dies ist eher umgekehrt der Fall, denn die kinematische Viskosität von Helium ($\nu_{kHe} \approx 1{,}179$ cm^2/s, Normzustand [121]) ist ca. 9 mal höher als die des Argonstroms ($\nu_{kAr} \approx 0{,}134$ cm^2/s, Normzustand [121]). Die Reynoldszahl Re_{He} des Helium-Schutzgasstroms ist demnach nur $1/9 \cdot Re_{Ar}$ des Argonstroms.

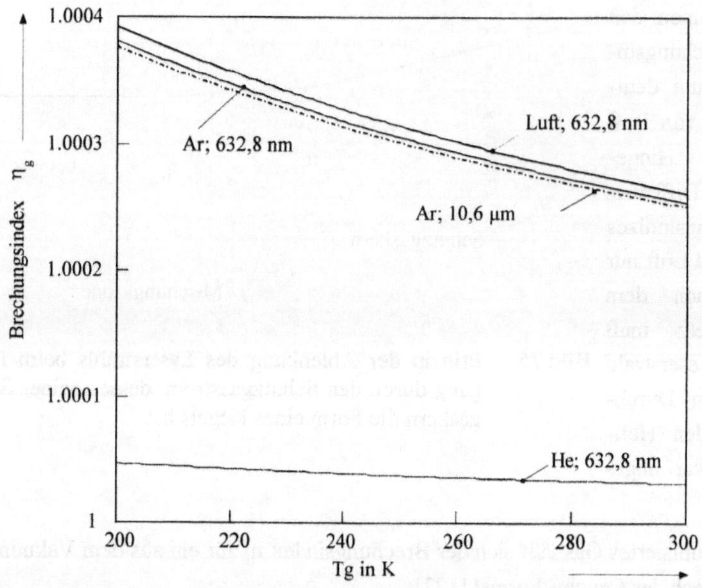

Bild 76:   Nach der Cauchy-Beziehung [122] berechneter Brechungsindex von Gasen als Funktion der Temperatur und Wellenlänge.

Es ist demnach so, daß der gegenüber der Umgebungsluft deutlich kleinere Brechungsindex des Heliumstroms die Turbulenzen im Schutzgasstrom stärker sichtbar werden läßt. Ferner wird an dieser Abschätzung deutlich, daß im Temperaturbereich bis zur Verdampfungstemperatur von Metallen die Brechung des Laserstrahls nahezu unabhängig von der Wellenlänge des Lasers ist ($A \gg B/\lambda^2$) – zumindest solange kein Plasma gezündet wurde. Dies hat zur Konsequenz, daß die gemessenen Ablenkungen ebenso für einen CO_2-Laserstrahl wie auch einen Nd:YAG-Strahl gelten.

Ausgehend von der Ruheposition bzw. Achse des Probelaserstrahls, welche in den folgenden Diagrammen durch ein Kreuz markiert ist, erfolgt mit steigendem Argon-Anteil eine Auslenkung in y-Richtung und mit größer werdendem Helium-Anteil eine Ablenkung in x-Richtung. Die in einer Gegenstandsweite $g_w = 700$ mm aufgenommene Schwankung beträgt maximal 0,6 mm (vgl. Bild 77, Diagramm 6). Übertragen auf die Propagation des Arbeitsstrahls durch eine ca. 5 mm hohe Plasmafackel, würde dies gerundet eine Auslenkung des Fokus von $4 \cdot 10^{-3}$ mm ergeben. Eine Auslenkung, die alleine den Prozeß kaum beeinflussen kann.

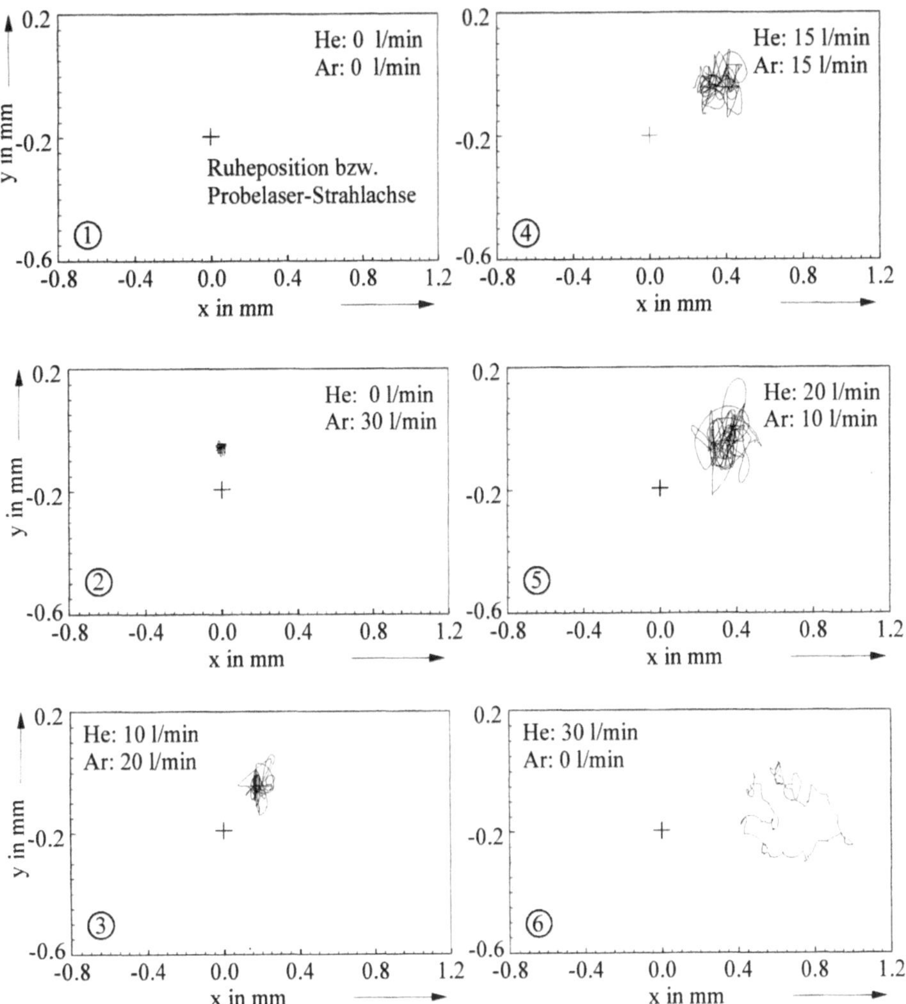

Bild 77:   Mit zunehmendem Helium-Anteil im Schutzgasstrom wird der Laserstrahl des Probelasers stärker abgelenkt, vgl. Skizze Bild 73.

Betrachtet man aber die maximalen Auslenkungen, die sich aus der absoluten Verschiebung der Ruheposition von bis zu 1,2 mm (mit Plasma bis zu 2,0 mm) ergeben können, so kommt man bei der gleichen Abschätzung auf eine Fokusauslenkung von 14 µm. Das sind ca. 5 % eines typischen Fokusdurchmessers ($d_f \approx 300$ µm). Diese Abschätzung unterstreicht die Bedeutung einer beruhigten Schutzgaszufuhr, insbesondere bei Lasern höchster Strahlqualität, die noch kleinere Foki erzielen.

Ferner ist nach dieser Abschätzung einleuchtend, daß ein die Wechselwirkungszone nur unzureichend abschirmender Schutzgasstrom, der zeitweise einen größeren Anteil von Umge-

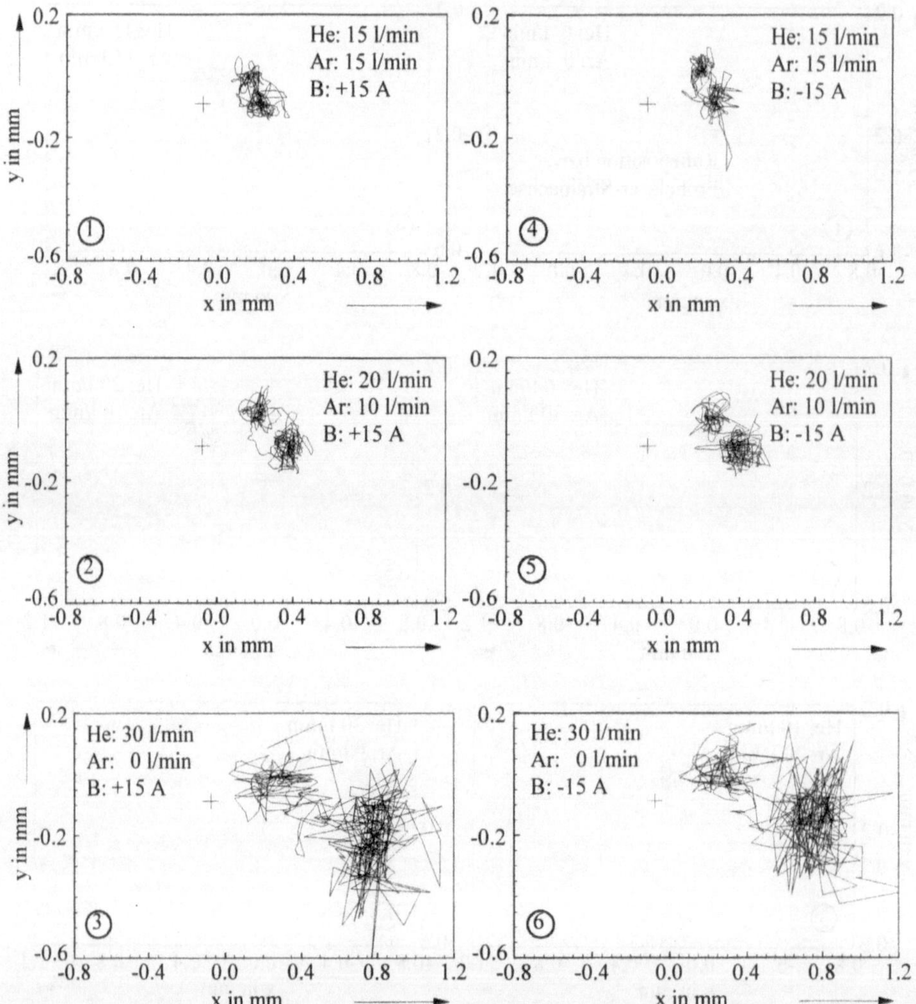

Bild 78:   Ablenkungen des Probelasers bei angelegtem Magnetfeld unterschiedlichen Vorzeichens und verschiedenen Zusammensetzungen des Schutzgasstroms.

bungsluft einmischt, den fokussierten Laserstrahl "tanzen" läßt. Das ist eine Störung der Prozeßstabilität, die sich beim Einsatz von Helium stärker auswirkt als bei Verwendung von Argon.

Wie in Bild 78 gezeigt, beeinflußt das Vorzeichen des Magnetfelds die Ablenkung des Probelaserstrahls nicht. Die Diagramme 1 bis 3 zeigen wie zuvor in Bild 77 Ablenkungen des Laserstrahls bei zunehmenden Helium-Anteil und unter gleichen Magnetfeldbedingungen (in der Wechselwirkungszone des Plasmas maximal 0,05 T stark). Auf der rechten Seite zeigen die Diagramme 4 bis 6 Aufzeichnungen von Versuchen, in denen lediglich das Vorzeichen

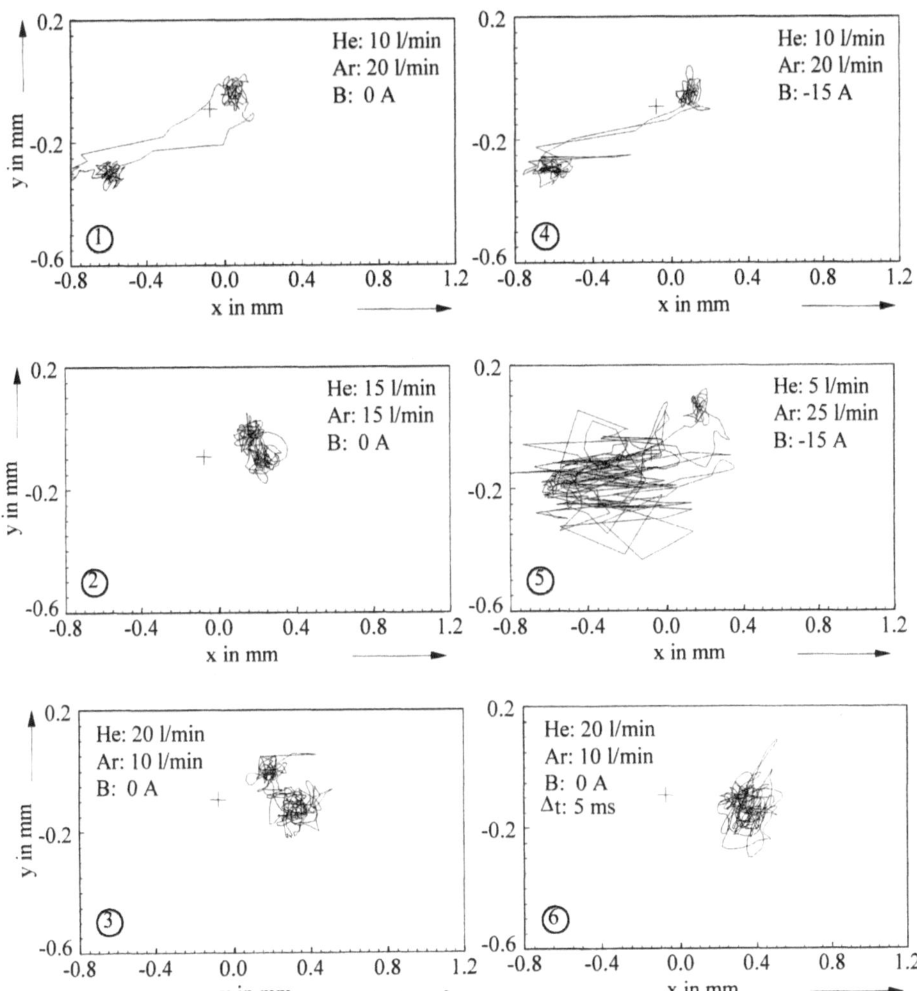

Bild 79: Ablenkungen des Probelasers unter verschiedenen Prozeßumständen: Diagramm 1 und 4 zeigen den Einfluß eines Argonplasmas; 2 und 3 zeigen den Einfluß ohne Magnetfeld und ohne Argonplasma; in 5 kam es zu einem abgehobenen Schutzgasplasma, das den Schweißprozeß unterbrochen hat. Diagramm 6 wurde mit einer höheren Zeitauflösung aufgenommen.

des **B**-Feldes geändert wurde (zu erkennen am Vorzeichen des Spulenstroms). Im Rahmen der statistischen Schwankungen ist in den Diagrammen kein Einfluß des Vorzeichens des Magnetfelds zu erkennen. Sie zeigen lediglich die sich aus der Zusammensetzung des Schutzgases ergebende größere Schwankung der Ablenkungen.

Wäre eine Veränderung der Brechungsindizes der Plasmalinse Ursache der verschiedenen Schweißergebnisse, so hätte in den Messungen bei verschiedenen Vorzeichen des Magnetfelds ein Unterschied erkennbar sein müssen.

Selbst im Vergleich der Prozeßumstände mit und ohne Magnetfeld lassen die Diagramme 2 und 3 aus Bild 79 – verglichen mit Diagramm 1, 2 bzw. 4, 5 aus Bild 78 – keine Wirkung des Magnetfelds auf die Brechung durch die Plasmalinse entdecken.

Deutlich erkennbar hingegen ist die Auslenkung des Probestrahls in negativer x-Richtung, wenn aufgrund des erhöhten Argon-Anteils ein Schutzgasplasma gezündet wird. Die Brechung der Plasmafackel ergibt sich aus Addition der Brechung im Schutzgas und der Brechung bedingt durch die freien Elektronen. Letztere ist kleiner eins, so daß sich mit zunehmender Ionisation des Metalldampf-/Schutzgas-Gemisches ein Brechungsindex von effektiv kleiner eins ergibt [38, 40].

In Diagramm 5 ist festgehalten, zu welchen Auslenkungen es kommt, wenn bei einem zu hohen Argon-Anteil im Schutzgasstrom ein Argonplasma gezündet wird, das den Schweißprozeß sogar unterbricht.

5.5.3 Erkenntnisse

Ausgangspunkt der vorstehend geschilderten Untersuchungen und Messungen war die Fragestellung, ob das Magnetfeld die Brechungsindex-Verteilung in der Plasmafackel beeinflussen kann und abhängig vom Vorzeichen des wirksamen **B**-Felds die Energieeinkopplung in das Werkstück verändert.

Die gemessenen Auslenkungen eines Probelaserstrahls, der die Plasmafackel durchstrahlte, bestätigen die Abschätzung, daß das Magnetfeld keinen Einfluß auf den Plasmastrom aus der Dampfkapillaren nimmt. Eine veränderte Laserstrahleinkopplung, verursacht durch eine Veränderung der Brechungsindexverteilung innerhalb der Plasmafackel oder einer Behinderung der Ausströmung aus der Dampfkapillare ist auszuschließen.

Unabhängig von der Problemstellung der magnetischen Beeinflussung der Energieeinkopplung in das Werkstück weisen die Ablenkungen des Probelasers, allein verursacht durch die Turbulenz des Schutzgases, darauf hin, daß der Laserstrahl – gestört durch den Schutzgasstrom – um den Fokuspunkt "zappelt".

5.6 Kombination des MGL mit Lichtbogen-Schweißverfahren

Eine Kombination des MGL mit Lichtbogen-Schweißverfahren (MIG-, MAG- oder WIG-Schweißverfahren) eröffnet ein weites Verfahrenspotential. Der beim Lichtbogenschweißen über das Schmelzbad fließende Strom kann mittels des zugeschalteten Magnetfelds zur Bildung unterschiedlichster Nahtformen ausgenutzt werden.

In Abschnitt 5.1.6 zur Ausbildung der Gefügestruktur wurde berichtet, daß man beim WIG-Schweißen das Abtropfen der Schmelze in Extremlagen mittels eines konstanten Magnetfelds verhindern kann. Gleichzeitig wird dabei die elektromagnetische Kraftwirkung genutzt, um bewußt asymmetrische Nahtgeometrien zu erzielen [88].

Nachteile der konventionellen Lichtbogen-Schweißtechnik sind die im Vergleich zum Laserstrahlschweißen kleineren Aspektverhältnisse (Nahttiefe zu -breite ca. 0,5 bei einlagigen Schweißungen) und die geringen Schweißgeschwindigkeiten [123]. Vorteil der Lichtbogentechnik hingegen ist der höhere Wirkungsgrad. Diese Technik stellt im Vergleich zur Laserschweißtechnik die zum Schweißen benötigte Energie erheblich kostengünstiger zur Verfügung. Eine Kombination beider Techniken stellt damit einen wesentlichen wirtschaftlichen Vorteil dar [123].

Diese Betrachtung ist sicher dann zutreffend, wenn von einer intensiven und langfristigen Auslastung der Anlage ausgegangen werden kann, so daß sich die Betriebskosten stärker als die Investitionskosten auswirken. Durch Kombination dieser beiden Verfahren zu einem Hybridverfahren erhöhen sich die Anlagenkosten, da für die Hybridanlage mehr Komponenten und Aggregate benötigt und gewartet werden müssen. Die Investitionskosten der Hybridanlage sind deshalb sicher höher als eine vergleichbare einzelne Laseranlage.

Das eigentlich Reizvolle an dieser neuen Hybrid-Schweißtechnik sind jedoch deren Verfahrensvorteile. So läßt sich die Tiefenwirkung durch den Laserstrahl erzielen, und der Lichtbogen, der eine breitere Oberflächenenergiequelle darstellt, erlaubt eine größere Überbrückbarkeit des Fügespalts. Die technologischen und wirtschaftlichen Vorteile dieses Hybridverfahrens fassen die Autoren von [123, 124] unter folgenden Aspekten zusammen:

Durch das Hybridverfahren wird im Vergleich zum Laserstrahlschweißen

- eine verbesserte Spaltüberbrückbarkeit und Nahtoberraupenstruktur erreicht,

- eine Optimierung der Schweißgefügestruktur erzielt,

- der Prozeßwirkungsgrad erhöht,

- die Produktivität durch die höhere Schweißgeschwindigkeit gesteigert, und

- die Betriebskosten werden hinsichtlich des Energieeinsatzes reduziert.

Die Art und Weise der Gefügeverbesserung wird in dem zitierten Übersichtsbeitrag leider nicht ausgeführt. Einen Hinweis darauf findet sich in [125], der auch Mitautor des vorstehend zitierten Beitrags ist, in einer neueren Veröffentlichung. Danach ist die durch das Hybridverfahren erzeugte Gefügestruktur durch zwei Gefügebereiche gekennzeichnet, einen oberen, lichtbogenbeeinflußten und den unteren, laserbestimmten Bereich. Die Autoren vergleichen diese Erscheinung mit einem zweistufigen Schweißverfahren. Anhand statischer und dynamischer Prüfverfahren an AlMgSi0.5-Schweißproben kommen sie zum Ergebnis, daß die mechanischen Eigenschaften dieser Hybrid-Schweißverbindung denen der Einzelverfahren mindestens gleichwertig oder besser sind. Die dabei beobachtete Gefügestruktur ist auf der Nahtoberseite und im unteren Bereich der Naht durch ein globulares Gefüge gekennzeichnet. Dazwischen wird ein zellulares, nahezu vertikal nach oben gerichtetes Gefüge beobachtet.

In [126] wird von einem weiteren Beitrag zum Schweißen von niedriglegiertem Stahl mit einer Laser/MIG-Kombination von einer gröberen Kornstruktur der im Hybridverfahren geschweißten Naht berichtet.

Überträgt man nun die im Kapitel 5.1.6 diskutierte Möglichkeit durch ein Magnetfeld ein feinkörnigeres und globulares Schweißgefüge zu erzielen auf das Hybridverfahren, dann sollte mit der Verfahrenskombination MGL/MIG ein durchgängig globulares Gefüge erzielbar sein. Die Festigkeitseigenschaften der magnetisch gestützten Naht sind dann durchweg besser als die der Einzelverfahren.

Weitaus vielversprechender ist jedoch die Möglichkeit, die Schweißnahtform zu beeinflussen. So bietet es sich an, mittels eines in Vorzugsrichtung mitgeführten Magnetfelds den Schmelzstrom in der Weise zu verändern, daß die an der Oberfläche eingetragene Energie des Lichtbogens auch in die Tiefe "strömt". Eine überproportionale Breite der Nahtoberraupe, verursacht durch die Oberflächenenergiequelle Lichtbogen, könnte dadurch ausgeglichen werden.

5.7 Kapitelzusammenfassung

Ausgehend von der Möglichkeit, mittels der MFD die Strömung elektrisch leitender Schmelzen beeinflussen zu können, wurden in diesem Kapitel Experimente und Modelle zur Anwendung der MFM auf den Laserschweißprozeß durchgeführt und diskutiert.

Nach Abschätzung und Diskussion der Wirkungsweise der MFD beim Laserstrahlschweißen konnte in Schweißversuchen bestätigt werden, daß es innerhalb eines Bereichs der Schweißgeschwindigkeit zu unterschiedlichen und beachtlichen Effekten mit zugeschaltetem Magnetfeld kommt. In diesem Zusammenhang wurde dieses Verfahren als magnetisch gestütztes Laserstrahlschweißen (MGL) bezeichnet.

Im einzelnen konnte experimentell gezeigt werden, daß durch eine entsprechende Prozeßführung des MGL das Humping unterdrückt, die Oberraupenqualität verbessert, die Formen der Nahtquerschnitte in weiten Grenzen verändert, die Spritzertätigkeit reduziert, die Fluktuationen der Plasmafackel gedämpft und letztlich die Prozeßstabilität erhöht werden kann.

Auffallend an den dazu durchgeführten Versuchen ist, daß das beobachtete Prozeßverhalten abhängig vom Vorzeichen des zugeschalteten Magnetfelds ist und damit in der Schmelze ein Nettostrom fließen muß, dessen Ursache nicht auf die Selbstinduktion zurückzuführen ist. Eine aufgrund empirischer Beobachtungen naheliegende Hypothese über den in der Schmelze fließenden elektrischen Nettostrom führt in Untersuchungen zu dessen Identifizierung. Demnach wird während des originären Laserstrahlschweißens (d.h. ohne angelegtes Magnetfeld) in der Schmelze ein elektrischer Strom erzeugt, dessen Ursache Thermospannungen zwischen Schweißgefüge und Schmelzgut einerseits sowie zwischen Grundmaterial und Schmelzgut andererseits sind.

Die beschriebenen Effekte des MGL wurden vorwiegend mit CO_2-Laserstrahlung erzielt. Eine Aussage über die generelle Wirksamkeit des MGL beim Schweißen mit Nd:YAG-Strahlung ist aufgrund der vorliegenden Beobachtungen nicht möglich. Die derzeit mit Nd:YAG-Laserstrahlung industriell verfügbare Laserleistung am Werkstück reicht bis maximal 4 kW (Einzelstrahl-Leistung). Damit sind jedoch bei vergleichbarer Einschweißtiefe nicht die Schweißgeschwindigkeiten zu erreichen, die bei ausreichender CO_2-Laserleistung zu den beobachteten Effekten des MGL geführt haben. Ferner können bei dieser Leistung auch nicht derart große Einschweißtiefen erzielt werden, daß die Nahtform durch MFD-Effekte (bei entsprechender Schweißgeschwindigkeit) wesentlich verändert werden kann.

Besonders reizvoll ist die Möglichkeit, das magnetisch gestützte Laserstrahlschweißen auf Hybridverfahren anzuwenden. Dort ergeben sich aus dem in der Schmelze fließenden elektrischen Strom weitreichende Möglichkeiten zur gezielten Ausrichtung der elektromagnetischen Kraft auf die Schmelze, gegebenenfalls auch mit Unterstützung eines niederfrequenten Magnetfelds, welches das Schmelzbad zeitabhängig antreibt – ähnlich einer MFD-Pumpe.

Weiterhin interessant ist die Möglichkeit, durch das wirksame Magnetfeld das Schweißgefüge zu verändern, so daß ein feineres und festeres Gefüge erzielt wird.

6 Zusammenfassung

Ziel dieser Arbeit war es, Möglichkeiten bzw. Maßnahmen beim Laserstrahlschweißen aufzuzeigen, durch die strömungsbedingte Prozeßinstabilitäten zu reduzieren und existierende Prozeßgrenzen zu überwinden sind. Inhaltlich bezieht sich diese Zielsetzung auf zwei Aspekte des Laserstrahlschweißprozesses: die Maßnahmen zur prozeßoptimierenden Beeinflussung der Schutzgasströmung sowie die der Strömungsverhältnisse im Schmelzbad. Wesentlicher Bestandteil dabei war die Anwendung magnetofluiddynamischer Mechanismen (MFM) mit der Absicht, die Strömungsverhältnisse im Schmelzbad derart zu verändern, daß diese stabilisiert werden und höhere Schweißgeschwindigkeiten zu erzielen sind.

Ausgehend von der Problemstellung, daß die Form der Schutzgaszuführung in der Praxis des Laserstrahlschweißens nicht selten die unterschätzte Ursache minderer Prozeßqualitäten ist, wurden die Strömungsverhältnisse in der Wechselwirkungszone visualisiert und charakterisiert. Ergebnis dieser Untersuchungen sind Empfehlungen zur geeigneten Form der Schutzgaszuführung. Wesentlich dabei ist, daß das Schutzgas ungestört an die Wechselwirkungszone gelangt und nicht durch die Sogwirkung eines Querjets abgesaugt wird. Mit Hilfe computergestützter Simulation konnte dazu ein Querjetkonzept entworfen werden, das, anders als die bislang allgemein gebräuchlichen Konzepte, die Absaugung der Schutzgase von der Schweißstelle vermeidet. Dieses Querjetkonzept zeichnet sich gleichzeitig dadurch aus, daß es die Schweißspritzer effizient ablenkt und somit die optischen Komponenten wirkungsvoll schützt.

Neben der direkten Wirkung des Schutzgases auf die Energieeinkopplung kann das Schutzgas durch Veränderung der Oberflächenspannung der Schmelze die Strömungsverhältnisse im Schmelzbad beeinflussen. Mit der Fragestellung, welchen Einfluß die Oberflächenspannung auf die Schmelzbadströmung hat, wurden mit Hilfe eines FEM-Ansatzes die dreidimensionalen Strömungsverhältnisse im Schmelzbad einer Einschweißung simuliert und analysiert. Die lokal im Schmelzbad erreichten Strömungsgeschwindigkeiten reichen dabei – getrieben durch die Vorschubgeschwindigkeit und den Marangoni-Effekt – bis zu einer Größenordnung über die Schweißgeschwindigkeit. Die Charakteristik des Strömungsfelds wird dabei wesentlich durch das Vorzeichen der Gradienten der Oberflächenspannung bestimmt.

Aus diesen Erkenntnissen und mit Beobachtungen, wonach die beim Schweißen auftretenden Schuppen auf der Nahtoberraupe auf Wellen im Schmelzbad zurückzuführen sind, die beim Anlaufen gegen die Schmelzbadrückseite erstarren und unter Umständen durch Überlagerung Schmelzbadinstabilitäten induzieren können, entstand der Wunsch, die Strömungsverhältnisse im Schmelzbad beeinflussen zu können. Hauptthema dieser Arbeit war es deshalb zu untersuchen, ob es mit Hilfe magnetofluiddynamischer Effekte beim Laserstrahlschweißen möglich ist, die Strömung im Schmelzbad derart verändern zu können, daß eine höhere Prozeßstabilität bzw. eine größere Schweißgeschwindigkeit erreicht wird.

Die Nutzung magnetofluiddynamischer Mechanismen beim Laserstrahlschweißen ermöglicht die Strömung der Schmelze zu laminarisieren und die Geschwindigkeitsverteilung in der

Schmelzbadströmung zu ändern. Anhand quantitativer Abschätzungen der magnetofluiddynamischen Beeinflussung der Schmelzbadströmung konnte gezeigt werden, daß eine solche sinnvoll und wirkungsvoll sein sollte. In dazu durchgeführten Schweißversuchen wurde bestätigt, daß es innerhalb eines Bereichs der Schweißgeschwindigkeit zu unterschiedlichen und beachtlichen Effekten mit zugeschaltetem Magnetfeld kommt. In diesem Zusammenhang wurde dieses Verfahren als magnetisch gestütztes Laserstrahlschweißen (MGL) bezeichnet.

Im einzelnen konnte experimentell gezeigt werden, daß durch eine entsprechende Verfahrensführung des MGL das Humping unterdrückt, die Oberraupenqualität verbessert, die Formen der Nahtquerschnitte in weiten Grenzen verändert, die Spritzertätigkeit reduziert, die Fluktuationen der Plasmafackel gedämpft und letztlich die Prozeßstabilität erhöht werden kann.

Auffallend an den dazu durchgeführten Versuchen ist, daß das beobachtete Prozeßverhalten abhängig vom Vorzeichen des zugeschalteten Magnetfelds ist und damit ein in der Schmelze immer gleich gerichteter elektrischer Nettostrom fließen muß, dessen Ursprung nicht in MFD-Effekten liegen kann.

Eine aufgrund empirischer Beobachtungen naheliegende Hypothese zu dem in der Schmelze fließenden elektrischen Strom konnte in entsprechenden Untersuchungen bestätigt werden. Demnach wird während des originären Laserstrahlschweißens (ohne daß ein Magnetfeld wirksam ist) in der Schmelze ein elektrischer Strom erzeugt. Ursache dieses elektrischen Stroms sind Thermospannungen zwischen Schweißgefüge und Schmelzgut einerseits sowie zwischen Grundmaterial und Schmelzgut andererseits. Damit ist festzuhalten, daß neben den aufgezeigten prozeßtechnischen Vorteilen des in dieser Arbeit entwickelten magnetisch gestützten Laserstrahlschweißens (MGL) ein bislang im Zusammenhang mit dem Laserstrahlschweißen unbekannter Wechselwirkungsmechanismus identifiziert und nachgewiesen werden konnte – die Erzeugung thermoelektrischer Wirbelströme.

Ausblickend ergeben sich aus der Erkenntnis, welches Potential in der Anwendung von MFD-Effekten beim Laserstrahlschweißen steckt, nicht nur konkrete Anwendungen für das Laserstrahlschweißen selbst, sondern auch für das Laserstrahlbeschichten, bei dem die Thermospannung zwischen Schicht- und Grundwerkstoff noch größer sein dürfte. In Hinblick auf die Erfahrungen der positiven Wirkung des "magnetic stirring" bei den konventionellen Lichtbogenschweißtechniken auf das Schweißgefüge ist es äußerst vielversprechend, die Auswirkung des MGL mit wechselnd geführtem Magnetfeld zu untersuchen.

7 Anhang

7.1 Magnetischer Widerstand

In Anlehnung an den elektrischen Widerstand ist der magnetische Widerstand $R\mu$ als

$$R\mu = \frac{l\mu}{\mu_0 \cdot \mu_r \cdot A_F} \qquad (20)$$

definiert.

Die Permeabilität μ_r eines Stoffes liegt für Stähle bei ca. 100 und kann für Elektrobleche bis 2000 reichen [127]. Für Luft bzw. das Vakuum beträgt $\mu_r = 1$. Daraus folgt, daß das Verhältnis des magnetischen Widerstands direkt vom Verhältnis der Permeabilität der Stoffe abhängt.

$$R\mu_{Luft}/R\mu_{Stahl} = \mu_{Stahl} \, / \, 1 \qquad (21)$$

7.2 Feldstärkeverteilung

Eisenkern aus Bild 41 wird mit einer Platte aus AlMgSi1 geschlossen:

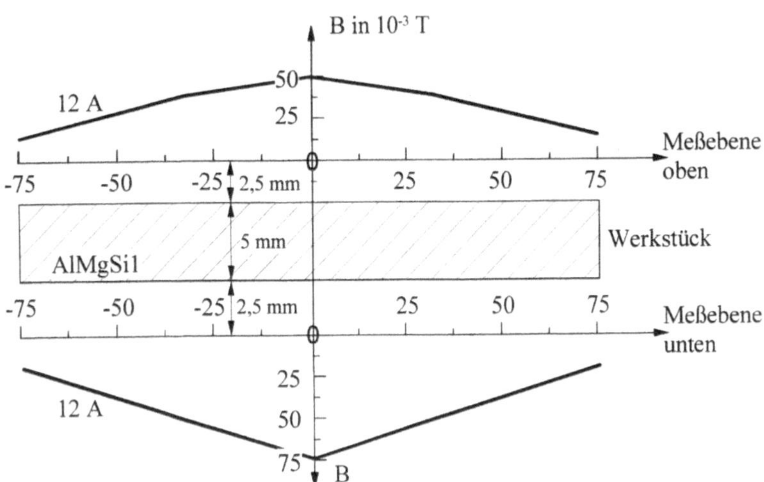

Bild 80:   Feldstärkeverteilung oberhalb und unterhalb einer Platte aus AlMgSi1 bei 12 A Spulenstrom.

Eisenkern aus Bild 41 wird mit einer Platte aus StE 690 (ferromagnetisch) geschlossen:

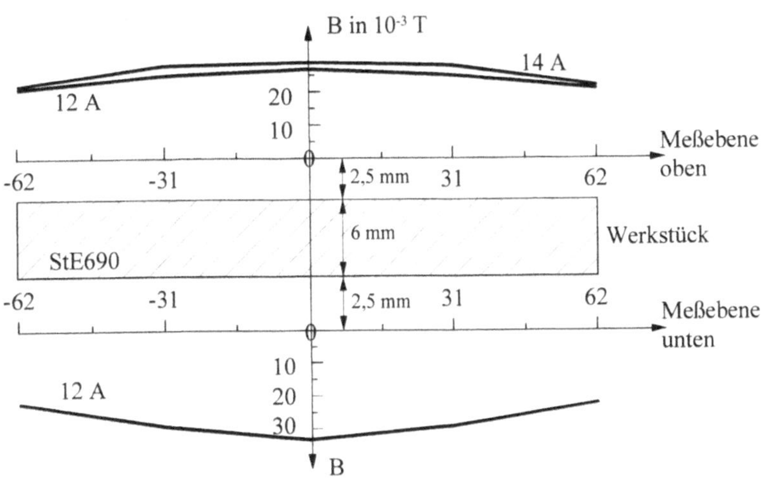

Bild 81:   Feldstärkeverteilung oberhalb und unterhalb einer Platte aus StE 690 bei 12 A Spulenstrom sowie bei 14 A oberhalb der Platte.

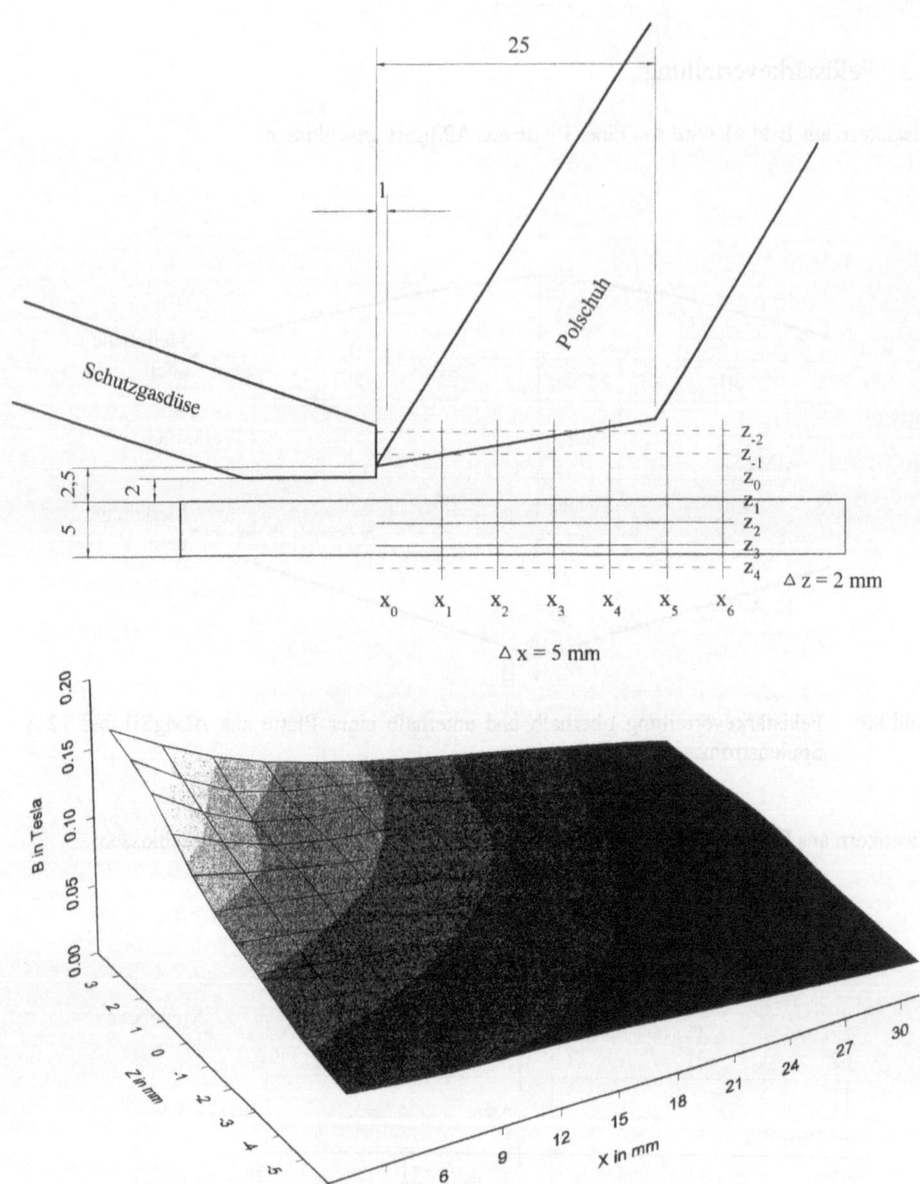

Bild 82: Feldstärkeverteilung in der Mitte der nicht geschlossen Pole der Triangel-Anordnung bei 14 A Spulenstrom.

7.3 Hochaufgelöste Spulensignale

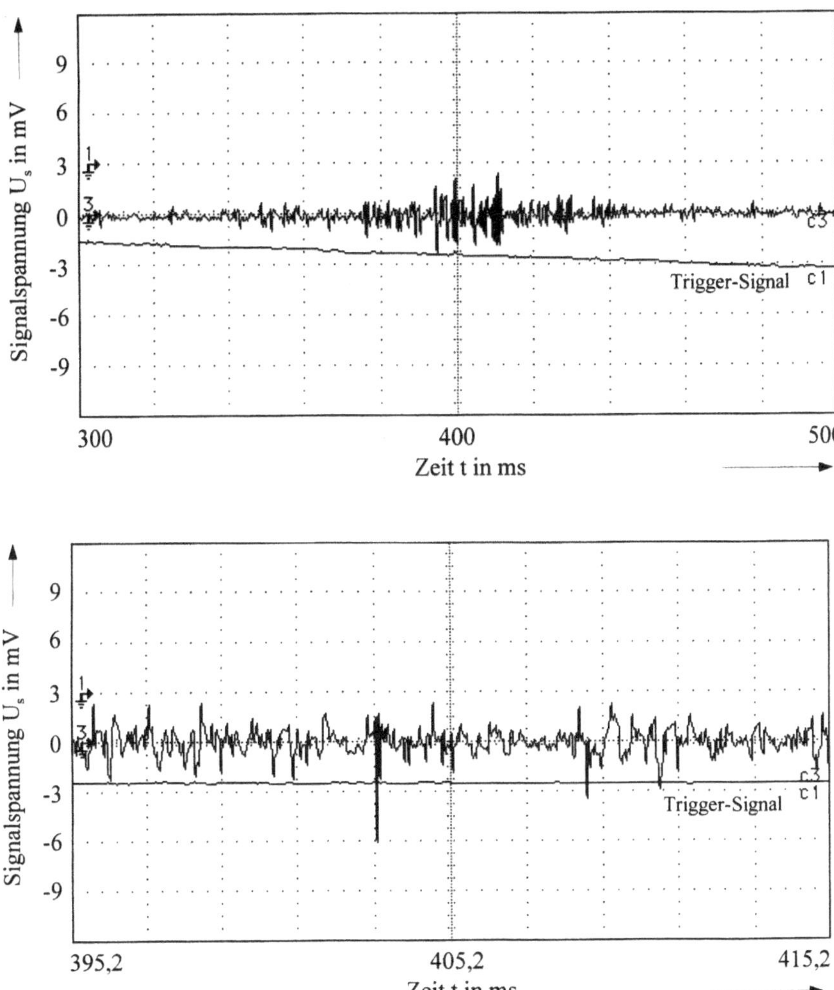

Bild 83: Aufzeichnung der an der Sensorspule gemessenen Spannung innerhalb des Zeitintervalls t_{sp}. Die Signalfrequenzen scheinen höher als aufzeichenbar.

8 Literatur

[1] MAIMAN, T. H.: *Stimulated Optical Radiation in Ruby Masers*. In: Nature 187 (493), 1960.

[2] BELFORTE, B. A.: Industrial Laser Review, Nr. 1, 1996, S. 7-10.

[3] WIEDMEIER, M.: *Konstruktive und verfahrenstechnische Entwicklungen zur Komplettbearbeitung in Drehzentren mit integrierten Laserverfahren*. D 93, Dissertation Universität Stuttgart, Teubner-Verlag, 1996.

[4] BEHNISCH, H.: *Verfahren der Schweißtechnik*. Kompendium der Schweißtechnik, Band 1, Fachbuchreihe Schweißtechnik (128); DVS-Verlag, Düsseldorf 1997.

[5] EICHLER, J.; EICHLER, H.-J.: *Laser, Grundlagen · Systeme · Anwendungen*. Laser in Technik und Forschung, Springer-Verlag, Berlin 1994.

[6] BECK, M.; DAUSINGER, F.; HÜGEL, H.: *Studie zur Energieeinkopplung beim Tiefschweißen mit Laserstrahlung*. In: Laser und Optoelektronik 21 (1989), S. 80-84.

[7] Informationsbroschüre: *Elektronenstrahlschweißen*. Daimler-Benz Aerospace, MTU, München.

[8] HÜGEL, H.: *Strahlwerkzeug Laser: eine Einführung*. Teubner-Verlag, Stuttgart 1992.

[9] DAUSINGER, F.: *Strahlwerkzeug Laser: Energieeinkopplung und Prozeßeffektivität*. Universität Stuttgart, Habilitationsschrift. Teubner-Verlag, 1995 (Laser in der Materialbearbeitung, Forschungsberichte des IFSW).

[10] BECK, M.: *Modellierung des Lasertiefschweißens*. D 93, Dissertation Universität Stuttgart, Teubner-Verlag, Stuttgart 1996.

[11] GEIGER, M.; HOLLMANN, F. (Herausgeber): *Strahl-Stoff-Wechselwirkung bei der Laserstrahlbearbeitung*. Texte zum Berichtskolloquium der DFG im Rahmen des Schwerpunktprogramms "Strahl-Stoff-Wechselwirkung bei der Laserstrahlbearbeitung", Meisenbach Verlag, Bamberg, Bonn-Bad Godesberg 1993.

[12] SEPOLD, G.; JÜPTNER, W. (Herausgeber): *Strahl-Stoff-Wechselwirkung bei der Laserstrahlbearbeitung 2*. Strahltechnik Bd. 6, BIAS-Verlag, Bremen 1998.

[13] DOWDEN, J.; POSTACIOGLU, N.; DAVIS, M.; KAPADIA, P.: *A keyhole model in penetration with laser*. In: J. Phys. D.: Appl. Phys. 20 (1992), S. 36-44.

[14] OTTO, A.: *Transiente Prozesse beim Laserstrahlschweißen*. Dissertation Universität Erlangen, 65, Meisenbach-Verlag, 1997.

[15] SUDNIK, W.; RADAJ, D.; EROFEEW, W.: *Computerized simulation of laser beam welding, modelling and verification*. In: J. Phys. D.: Appl. Phys. 29 (1996), S. 2811.

[16]   DAHMEN, M.; FÜRST, B.; KREUTZ, E. W.; SCHULZ, W.: *A tool for efficient laser processing.* In: Proc. of the Laser Materials Processing Conference ICALEO '95 San Diego (Ca): Laser Institute of America (LIA), 1995, S. 1035.

[17]   PROBST, B.; HEROLD, H.: *Schweißmetallurgie.* Kompendium der Schweißtechnik, Band 2, Fachbuchreihe Schweißtechnik (128); DVS-Verlag, Düsseldorf 1997.

[18]   DIN EN 439: *Schutzgase zum Schweißen.*

[19]   SURIAN, E. S.; TROTTI, J. L.; BONICZEWSKI, T.: *Effect of oxygen content on charpy V-notch toughness in 3% Ni steel SMA weld metal.* WDG. J. 71 (1992), H. 7, S. 263-268.

[20]   POTAPOW, J.;   N. N.: *Oxygen Effect of Desoxidation Sequence on Carbon Manganese Steel Weld Metal Microstructures.* WDG. J. 72 (1993), H. 8, S. 367-370.

[21]   STENKE, V.: *Neuerungen zum Metall-Aktivgasschweißen – Schutzgase und Geräte.* In: Jahrbuch Schweißtechnik '93, DVS-Verlag, Düsseldorf 1992, S. 118-123.

[22]   DILTHEY U.; REISGEN, U.; STENKE, V.; MATZNER, H.: *Schutzgase zum MAG-Hochleistungsschweißen.* In: Schneiden und Schweißen 47, H. 2, 1995, S.118-123.

[23]   SAMARIN, A. M.: *Physikalisch-chemische Grundlagen der Desoxidation.* Grundstoffindustrie, VEB-Verlag, Berlin 1960.

[24]   PELSTER, M.: *Es muß nicht immer Reingas sein, Mehrkomponenten-Schutzgase zum Laserschweißen.* In: Produktion 36/18 (1997), S. 9.

[25]   SCHMALENSTROTH, H.: *Technische Gase für die Lasermaterialbearbeitung.* In: Laser Magazin 1 (1994), S. 12-15.

[26]   DAWES, C. J.; KENNEDY, S. C.; CRAFER, R. C.: *Shielding gases for CO_2 laser welding – an experimental case study on lap welds in high strength low alloy steel.* In: TWI-Journal, H. 3 (1994), S.134-154.

[27]   ABBOTT, D. H.; ALBRIGHT, C. E.: *CO_2 shielding gas effect in laser welding mild steel.* In: Journal of Laser Applications 6 (1994), S. 69-80.

[28]   DIN 1910-2: *Einteilung der Schmelzschweißverfahren.*

[29]   BACHHOFER, A.; RAPP, J.; SCHINZEL, C.; HEIMERDINGER C.; HÜGEL, H.: *Laserstrahlschweißen von Aluminiumlegierungen unter reaktiver Schutzgasatmosphäre Teil I: Energieeinkopplung und Prozeßstabilität.* In: ALUMINIUM 73 (11), 1997, S. 790-795.

[30]   FARWER, A.: *Schutzgas für das Laserschweißen von Aluminium.* Messer Griesheim GmbH, Europäische Patentanmeldung 0 640 431 A1, B23K, 1994.

[31]   SCHMALENSTROTH, H.; PELSTER, M.; GRÖNINGER, J.; IKER, K.; DICKMANN, K.: *Mischgase helfen sparen.* In: Laser-Praxis, Carl Hansar-Verlag, Juni 1997, S. 44-46.

[32]   SCHMALENSTROTH, H.; PELSTER, M.; GRÖNINGER, J; IKER, K.; DICKMANN, K.: *Untersuchungen zum Laserstrahlschweißen mit 1-kW-Nd:YAG-Laser unter Einsatz verschiedener Schutzgasgemische*. In: Schneiden und Schweißen 49 H. 7, 1997, S. 420-424.

[33]   HAUSER, F.; KEITEL, S.; MARQUART, E. : *Vergleich der Verfahren Laserstrahlschweißen, Elektronenstrahlschweißen an Atmosphäre und Plasmaschweißen beim Fügen von Aluminiumlegierungen*. In: Deutscher Verband für Schweißtechnik (DVS), DVS-Berichte, Band 186 (1997), Düsseldorf, S. 179-181.

[34]   BAGGER, C.; BRODEN, G.; BESKE, E.; OLSEN, F.: *The influence of shielding gas type in high power ND:YAG laser welding*. In: International Journal for Joining of Materials (JOM) 6/2 (1994), S. 68-72.

[35]   HAVAZALET, D.; BIRNBORIM, A.: *Evaporation of metals by a high-energy-density source*. In: J. Phys. D.: Appl. Phys., 16 (1983), S. 1917.

[36]   DIONISIO, B.; FABBRO, R.; SABATIER, L.; LEPRINCE, L.; ORZA, J. M.: *Spectroscopic studies of iron plasmas induced by continuous high power CO_2 laser*. In: SPIE, 127913, 1990.

[37]   ROCKSTROH, T. J.; MAZUMDER, J.: *Spectroscopic studies of plasma during cw laser materials interaction*. J. Appl. Phys. 61 (3), 1987.

[38]   BECK, M.; BERGER, P.; HÜGEL, H.: *The effect of plasma formation on beam focusing in deep penetration welding with CO_2-lasers*. In: J. Phys. D.: Appl. Phys. 28 (1995), S. 2430-2442.

[39]   GLOWACKI, M., H.: *The effects of the use of different shielding gas mixtures in laser welding metals*. In: J. Phys. D.: Appl. Phys. 28 (1995), S. 2051-2059.

[40]   SOKOLOWSKI, W: *Diagnostik des laserinduzierten Plasmas beim Schweißen mit CO_2-Lasern*. Dissertation, Aachener Beiträge zur Lasertechnik, Band 2, Aachen: Verlag der Augustinus-Buchhandlung, 1991.

[41]   POUEYO, A.; DESHORS, G.; FABBRO, R.; FRUTOS, DE A. M.; ORZA, J. M.: *Study of laser induced plasma in welding conditions with continuous high power CO_2-lasers*. In: Matsunawa, A.; Katayama, S. (Editoren): Laser Advanced Materials Processing (LAMP '92), Vol. 1, S. 323-328.

[42]   MILLER, R.; DEBROY, T.: In: J. Appl. Phys. 68/5 (1990) S. 2045-2050.

[43]   FUNK, M.; JUCHEM, S.; BEYER, E.; HERZIGER, G.: *4. Zwischenbericht, Eurolaser – Industrial Application Evaluation of High Power Lasers (EU194), Teilvorhaben: Strahldiagnostik und Wechselwirkungsphänomene, Förderkennzeichen: 13 EU 0060/5*, Fraunhofer-Institut für Lasertechnik, Aachen 1992.

[44]   BECK, M.; KERN, M.; BERGER, P.; HÜGEL, H.: *Process stabilising potential of shielding gas mixtures in laser welding with CO_2 lasers.* Proc. of XI. International Symposium on Gas Flow and Chemical Lasers and High-Power Laser Conference, GCL/HPL '96, SPIE, Vol. 3092, Edinburgh 1996, S. 526-529.

[45]   OERTEL, H.: *Optische Strömungsmeßtechnik.* Verlag G. Braun, Karlsruhe 1989.

[46]   MERZKIRCH, W.: *Flow Visualization.* Academic Press, Orlando/Florida 1987.

[47]   ECK, B.: *Technische Strömungslehre.* Band 1, 9. überarb. Auflage, Springer-Verlag, Berlin 1992.

[48]   BURKART, A.: *Auf Naht und Punkt gebracht.* In: SMM, Nr. 50, 1997, S. 36-39.

[49]   RADAJ, D. ET AL.: *Laserschweißgerechtes Konstruieren.* Beiträge zu innovativen Fertigungsverfahren, Daimler-Benz AG u. FAT, Stuttgart 1993.

[50]   DIERKEN, R.; SCHUBERT, E.; BERGMANN, H. W.: *Experimental investigations on a cross-jet laser nozzle for an integrated exhaust system.* DVS-Berichte 163, 1995.

[51]   HEINRICH, T.: *Experimentelle Untersuchung der Geschwindigkeit und Richtung der beim Laserstrahlschweißen entstehenden Funken und Spritzer.* Studienarbeit, Institut für Strahlwerkzeuge, Universität Stuttgart, IFSW 92-19.

[52]   STEPHAN, K.; MAYINGER, F.: *Thermodynamik,* Band 1 Einstoffsysteme. 11. überarb. Auflage, Springer-Verlag, Berlin 1986.

[53]   TASCFLOW: CFD-Programm zur 3D-Strömungssimulation. ASC, Advanced Scientific Computing GmbH, Holzkirchen Germany.

[54]   ZOSKE, U.: *Persönliche Mitteilung.* Precitec GmbH, Gaggenau 1998.

[55]   PFEIFFER, W.: *Persönliche Mitteilung.* Forschungsgemeinschaft Strahlwerkzeuge, Stuttgart 1998.

[56]   SCHINZEL, C.: *Modularer Bearbeitungskopf zum Laserstrahlschweißen von 3D-Bauteilen.* Interner IFSW-Bericht, Institut für Strahlwerkzeuge, Universität Stuttgart 1997.

[57]   ARATA, Y.: *Fundamental characteristics of high energy density beams in material processing.* In: Proc. of the Materials Processing Conference ICALEO '86: Laser Institute of America (LIA), 1986.

[58]   BECK, M.; BERGER, P.; DAUSINGER, F.; HÜGEL, H.: *Aspects of keyhole/melt interaction in high speed laser welding.* In: Orza, J. M.; Domingo, C. (Hrsg.): Eighth International Symposium on Gas Flow and Chemical Lasers GCL, (Proc. SPIE 1397), 10-14 Sept. 1990, Madrid. Bellingham (Wa): SPIE, 1991, S. 769-774.

[59]   GLUMANN, C.: *Verbesserte Prozeßsicherheit und Qualität durch Strahlkombination beim Laserstrahlschweißen.* D 93, Dissertation Universität Stuttgart, Teubner-Verlag, 1996.

[60]   KLEMENS, P. G.: *Heat balance and flow conditions for electron and laser welding.* In: J. of Appl. Phys. 47/5 (May 1976).

[61]   DOWDEN, J.; DAVIS, M.; KAPADIA, P.: *Some aspects of the fluid dynamics of laser welding.* In: J. of Fluid Mech. 126 (1983), S. 123-146.

[62]   DOWDEN, J.; KAPADIA, P.; DAVIS, M.: *The fluid dynamics of laser welding.* In: Encyclopaedia of Fluid Mechanics, Gulf Publishing Company, Houston 1986, S. 683-719.

[63]   MARANGONI, C. G. M.: Ann. Phys. (Poggendorf), 143 (1871), S. 337.

[64]   HAMMERSCHMID, P.: *Bedeutung des Marangoni-Effekts für metallurgische Vorgänge.* In: Stahl und Eisen 107 (2), Januar 1987, S. 61-66.

[65]   MILLS, K. C.; KEENE, B. J.; BROOKS, R. F.; OLUSANYA, A.: *The surface tension of 304 and 316 type stainless steels and their effect on weld penetration.* In: Proc. century conference Met. Dep. Starthclyde University Glasgow, June 1984.

[66]   IRIE, H.; ASIA, Y.; SARE, I. R.: *Influence of sulphur content on molten metal flow in cast iron and steel melted by high energy density beams.* In: Welding in the world/Le Soudge dans le Monde 39 (1997), S. 179-186.

[67]   STEFFENS, H. D.; THIER, H.; KILLING, R.; SIEVERS, E. R.; LI, Z.: *Über die Ursachen des schmelzenabhängigen Einbrandverhaltens beim Wolfram-Inertgasschweißen nichtrostender Stähle.* In: Schneiden und Schweißen 42, 11 (1990), S. 571-575.

[68]   CHAN, C.; MAZUMDER, J.; CHEN, M. M.: *A two-dimensional transient model for convection in laser melted pool.* In: J. Appl. Phys., 64/11 (1988), S. 6166-6174.

[69]   AIDUN, D. K.; MARTIN S. A.: *Effect of Sulphur and Oxygen on Weld Penetration of High-Purity Austenitic Stainless Steels.* In: Journal of Materials Engineering and Performance, Vol. 6 (4), August 1997, S. 496-502.

[70]   IMHOFF, R.; BEYER E.; HERZINGER G.: *Fügen mit CO_2-Hochleistungslaser: Schweißen von dünnen Blechen bei hohen Prozeßgeschwindigkeiten und Untersuchungen von Schmelzbadinstabilitäten.* Forschungsbericht, FKZ 13N5658, 1992.

[71]   SCHIDT, H.: *Hochgeschwindigkeits-Schweißen von Feinstblechen mit CO_2-Laserstrahlung unter besonderer Berücksichtigung des Humping-Effektes.* D 82, Dissertation RWTH Aachen, Mainz 1994.

[72]   FLUID DYNAMICS INTERNATIONAL, INC., FDI: FIDAP 7.6 Produktspezifikation 1997.

[73]   KERN, M.; FUHRICH, T.; BERGER, P.; HÜGEL, H.: *Dreidimensionale Simulation der Kapillarausbildung und Schmelzbadströmung beim Laserstrahlschweißen.* Berichtsband zur Strahl-Stoff-Wechselwirkung bei der Laserstrahlmaterialbearbeitung 2, Bremen 1998, S. 73-78.

[74]   DIN-Taschenbuch; 227: *Lasermaterialbearbeitung.* Normen, 1. Auflage, Beuth-Verlag GmbH, 1996.

[75]   ALBRIGHT, C. E.; CHIANG, S.: *High speed welding discontinuities*. In: Journal of Laser Applications, 1988, S. 18-24.

[76]   BECK, M.; BERGER, P.; PALLE, N.; DANTZIG, J. A.: *Aspekte der Schmelzbaddynamik beim Laserstrahlschweißen mit hoher Bearbeitungsgeschwindigkeit*. In: Waidelich, W. (Editor): Laser in der Technik: Vorträge des 10. Int. Kongr. Laser '91, Springer-Verlag, Berlin 1992, S. 429-434.

[77]   KREUTZ, E. W.; PIRCH, N.: *Melt dynamics and surface deformation in processing with laser radiation*. In: Proc. 4th int. congress on optical science and engineering (ECO4), Den Haag, 1991.

[78]   DEINZER, G.; OTTO, A.; HOFFMANN, P.; GEIGER, M.: *Optimizing Systems for Laser Beam Welding*. In: Proceedings of Lane '94, Laser Assisted Net Shape Engineering, Vol. I, Meisenbach Verlag, Bamberg 1994, S. 193-206.

[79]   OTTO, A.; DEINZER, G.; HOFFMANN, P.; GEIGER, M.: *Control of Transient Processes During CO_2-Laser Beam*. In: Proceedings EUROPTO, Laser Materials Processing: Industrial and Microelectronics Applications, Wien 1994, S. 282-289.

[80]   KLEIN, T.: *Freie und erzwungene Dynamik der Dampfkapillare beim Laserstrahlschweißen von Metallen*. Dissertation Technische Universität Braunschweig 1996.

[81]   GRIEBSCH, J.: *Grundlagenuntersuchungen zur Qualitätssicherung beim gepulsten Lasertiefschweißen*. Dissertation Universität Stuttgart, Teubner-Verlag, Stuttgart 1995.

[82]   MÜLLER, M. G.; DAUSINGER, F.; HÜGEL, H.: *Online process monitoring of laser welding by measuring the reflected laser power*. To be published, ICALEO '98.

[83]   KOTSCHNOW, E. K.; NOWIKOW, M. N.: *Gegenwärtiger Stand und grundlegende Entwicklungstendenzen elektromagnetischer Mischanlagen für die Metallurgie*. In: Anwendung der MHD in der Metallurgie; Akademie der Wissenschaften der UdSSR, 1977, S. 62.

[84]   BERGMANN-SCHAEFER: *Lehrbuch der Experimentalphysik*. Elektrizität und Magnetismus, Band H 2, 7. Auflage, Walter de Gruyter, Berlin, New York 1987.

[85]   SHERCLIFF, J. A.: *A Textbook of Magnetohydrodynamics*. First Edition, Pergamon Press Ltd., Oxford 1965.

[86]   PITSCHENEDER, W.; GRUBÖCK, M.; MUNDRA, K.; DEBROY, T.; EBNER, R.: *Numerical and experimental investigations of conduction mode laser weld pools*. In: Mathematical Modelling of Weld Phenomena 3. Materials Modelling Series, Editor: Prof. H. Cerjak, Department of Materials Science a. Welding Technology, University Graz/Austria 1997, S. 41-63.

[87]   SHELENKOV, G. M. ET AL.: *Features of welds formation in arc welding of titanium by electromagnetic stirring*. In: Welding Production 3 (1997), S. 24-25.

[88]   MANABE, Y.; WADA, H.; KONDOU, H.; HIROMOTO,Y.; KOBAYASHI, Y.: *Development of new GTAW Process by magnetic control on molten pool*. In: International Institute of Welding, Commission XI, XII, IIW-XII-1484-97, IIW-XI-675-07, Tokyo 1997.

[89]   BIRSHEV, V. A.; BOLDYREV, A. M.: *Über den Einfluß des magnetischen Längsfelds auf den Schweißlichtbogen der geraden Polarität*. In: Avt. Svarka 8 (1982), S. 58-59.

[90]   BIRZVALKS, J.: *Streifzug durch die Magnetohydrodynamik*. 1. Auflage, Deutscher Verlag für Grundstoffindustrie, Leipzig 1986.

[91]   MOREAU, R.: *Magnetohydrodynamics*. Fluid Mechanics and its Applications, Kluwer Academic Publishers, Dordrecht/Netherlands 1990.

[92]   RANDALL, L.: *Thermocapillary convection in laser melted pools during materials processing*. Thesis, University of Illinois, Urbana/Champaign 1991.

[93]   MAGNETFABRIK SCHRAMBERG: *Permanentmagneten-Katalog*. Magnetfabrik Schramberg, Max-Planck-Straße 15, 78713 Schramberg-Sulgen.

[94]   HOHENBERGER, B.; SCHINZEL, C.; DAUSINGER, F.; HÜGEL, H.: *Laserstrahlschweißen von Aluminiumwerkstoffen*. In: wt-Produktion und Management 87 (1997), Springer-VDI-Verlag, 1997, S. 121-125.

[95]   RAPP, J.: *Laserschweißeignung von Aluminiumwerkstoffen für Anwendungen im Leichtbau*. Dissertation Universität Stuttgart, Teubner-Verlag, Stuttgart 1996.

[96]   PETZOW, G.: *Sonderbände der praktischen Metallographie 13*. Dr. Rieder Verlag GmbH, Stuttgart 1982.

[97]   DUDAS, J. H.; COLLINS, F. R.: *Preventing Weld Cracks in High-Strength Aluminum Alloys*. Welding Research Supplement June (1966), S. 241.

[98]   VILLAFUERTE, J. C.; KERR, H. W.: *Electromagnetic Stirring and Grain Refinement in Stainless Steel GTA Welds*. In: Welding Journal 69/1 (1990), American Welding Society, January 1990, S. 1-13.

[99]   BROWN, D. C.; CROSSLEY, F. A.; RUDY, J. F.; SCHWARTZBART, H.: *The effect of electromagnetic stirring and mechanical vibration on arc welds*. In: Welding Journal 41 (1962), S. 241-250.

[100]   CHERNYSH, V. P.; SYROVATKA, V. V.: *Structure and properties of weld metals in Amg6 Alloy when welds are made with electromagnetic agitation*. Automatic Welding 25 (1972), S. 15-19.

[101]   MATSUDA, F.; USHIO, M.; NAKAGAWA, H.; NAKATA, K.: *Effect of electromagnetic stirring on the weld solidification structure of aluminium alloys*. In: Arc Physics and weld pool behaviour; An International Conference, Vol. I (1980), S. 337 - 347.

[102]   MALINOWSKI-BRODNICKA, M.; DEN OUDEN, G.; VINK, W. J. P. : *Effect of electromagnetic stirring on GTA welds in austenitic stainless steel*. In: The Welding Journal 69/2 (1990), S. 52-59.

[103]   BARDOKIN, E. V.; LIVENETS, V. I.; OKISHOR, V. A.: *Structure and properties of weld metals in welding in an alternating longitudinal electromagnetic field of low frequency.* In: Welding Production 22/11 (1975), S. 17-20.

[104]   BLINKOV, V. A.: *Influence of a magnetic field on the structure and properties of welded joints in high-tensile steels. In:* Welding Production 22/11 (1975), S. 15-17.

[105]   NOVIKOV, O. M. ET AL.: *Influence of electromagnetic stirring of the weld pool on the processes of degassing and breakdown of oxide films in welds in alloy Amg6.* In: Welding Production, 22/11 (1975), S. 20-21.

[106]   OHMAE, T.; FUKAYA, Y.; WAKAMOTO, I.; TAMURA, M.: *Effects of magnetic stirring on aluminium alloy weld defects.* In: International Institute of Welding, Commission XII, Sub-commission B, IIW Doc. XII-B-82, XII-E-28-82, September 1982, S. 2-12.

[107]   SHELENKOV, G. M. ET AL.: *Influence of electromagnetic stirring on Properties of welded joints of titanium alloy AT3.* In: Welding Production 2 (1979), S. 17-18.

[108]   DILTHEY, U.; PAVLIK, V.; REICHEL, T.: *Numerical Simulation of Dendritic Solidification with modified cellular automata.* In: Proc. of Mathematical Modelling of Weld Phenomena 3, edited by Prof. Cerjak, H.; Materials Modelling Series, Book 650, London 1997, S. 85-105.

[109]   VOGEL; H.: *Gerthsen Physik.* 18. Auflage, Springer-Verlag, Berlin, Heidelberg 1995.

[110]   Dumord; È.: *Modèlisation du soudage continu par faisceau de haute energie: appliction au cas du soudage par laser Nd:YAG d'un acier X5 Cr.Ni 18-10.* Dissertation Universität de Bourgogne, 1996.

[111]   ALGER D. L.; THOMPSEN R. W.: *NASA demonstrates idea for converting laser energy to electricity in satellites.* In: Laser Focus Magazine 13/12 (December 1977), S. 20.

[112]   KABASHIN, A. V.; KONOV V. I.; NIKITIN, P. I.; PROKHOROV A. M.: *Laser-plasma generation of currents along a conductive target.* In: J. Appl. Phys. 68 (7), 1 October 1990, S. 3140-3146.

[113]   KABASHIN, A. V.; NIKITIN, P. I.: *New method of magnetic field and current generation outside laser plasma.* In: Appl. Phys. Lett. 68 (2), 8 January 1996, S. 173-175.

[114]   WATANABE, K.: In: Proc. Symp. Of Advanced Welding Technology, Osaka, S. 69-74.

[115]   PAULINI, J.; SIMON, G.; DECKER, I.: *Beam deflection in electron beam welding by thermoelectric eddy currents..* In: J. Phys. D.: Appl. Phys. 23 (1990), S. 486-495.

[116]   ZOHM, H.: *Plasmaphysik und Fusionsforschung.* Skript Plasmaphysik, Teil I, Universität Augsburg.

[117]   FREIDBERG, J.P.: *Ideal magnetohydrodynamic theory of magnetic fusion systems.* In: Rev. Mod. Phys., 54/3 (July 1982), S. 801- S. 902.

[118] LANDOLT-BÖRNSTEIN: Band II/6, Springer-Verlag, Berlin 1959.

[119] STEINMETZ, H.: *Erweiterung der Anwendung des Laserstrahlschweißens durch an die Anforderungen angepaßte Fokusgeometrien.* Diplomarbeit, Institut für Strahlwerkzeuge IFSW 97-31, Universität Stuttgart, 1997.

[120] SCHULTZ, G.; GRESSER, J.: *A study of transport coefficients of electrons in some gases used in proportional and drift chambers.* Nuclear Instruments and Methods 151 (1978), S. 413-431.

[121] LAX, E.; SYNOWIETZ, C.: *Taschenbuch für Chemiker und Physiker.* Band 1, 3. Auflage, Makroskopische physikalisch-chemische Eigenschaften, Springer-Verlag, Berlin 1967.

[122] ANDERS, A.: *A Formulary for Plasma Physics.* Akademia-Verlag, Berlin 1990.

[123] PETRING, D.; BEHLER, K.; WISSENBACH, K.; POPRAWE, R.: *Stahl und Laser – neue Perspektiven für neue Märkte.* In: Stahl und Eisen 116 (11), 1996, S. 87-98.

[124] BEHLER, K.; NEUENHAHN, J.; MAIER, C.; BEERSIEK, J.; IMHOFF, R.; BEYER, E: *Prozeßtechnische Aspekte der Kombination des Laserstrahl- und Lichtbogenschweißens.* In: Proc. Mechanik und Optik, Hochleistungslaser im Maschinenbau, Société Fransaise des Mécaniciens, Courbevoie 1995, S. 33-47.

[125] MAIER, C.; REINHOLD, P.; MALY, H.; BEHLER, K.; BEYER, E.; VON HEESEN, N.: *Aluminium-Strangpressprofile im Schienenfahrzeugbau, geschweißt mit Hybridverfahren Nd:Yag-Laser/MIG.* In: DVS-Berichte, Band 176, Düsseldorf 1996, S. 198-202.

[126] BEHLER, K.; MAIER, C.; NEUENHAHN, J.: *Kombination von Laserstrahl- und Metallschutzgasschweißverfahren zum Fügen unlegierter Stähle.* In: DVS-Berichte, Band 186, Düsseldorf 1997, S. 182-186.

[127] DOBRINSKI, P.; KRAKAU, G.; VOGEL, A.: *Physik für Ingenieure.* 6. Auflage, Teubner-Verlag, Stuttgart 1984.

Danksagung

Am Ende dieser Dissertation möchte ich die Gelegenheit nutzen, um all denjenigen zu danken, durch deren Unterstützung und Einsatz diese Arbeit erst möglich wurde.

Besonderer Dank gilt dabei Herrn Prof. Dr.-Ing. Helmut Hügel, Leiter des Instituts für Strahlwerkzeuge (IFSW). Mit der Einstellung als wissenschaftlicher Mitarbeiter am IFSW hat er nicht nur die Rahmenbedingungen und Möglichkeiten für diese Arbeit geschaffen, sondern auch den Grundstein zu einer vertrauensvollen Zusammenarbeit gelegt. Sein Engagement und Wirken waren für mich eine beständige Quelle von Ideen und Motivation.

Bei Herrn Prof. Dr. rer. nat. Hartmut Zohm, Institut für Plasmaforschung, möchte ich mich ebenfalls für seine Hilfestellung in Fragen der Magnetofluiddynamik bedanken. Inspirierend war für mich die Art und Weise wie er komplexe Zusammenhänge der Physik angeht und anschaulich diskutiert.

Nicht weniger zu Dank verpflichtet bin ich Herrn Dipl.-Ing. Peter Berger für seine Unterstützung und Anregung. Insbesondere für seine konstruktiv kritischen und analytischen Anmerkungen zu den verschiedensten Themenstellungen, die mich während meiner Arbeit begleiteten.

Danken möchte ich auch meinen Kollegen am IFSW und nicht zuletzt meinen studentischen Mitarbeitern, die zum Gelingen dieser Arbeit beigetragen haben.

Speziell danken möchte ich Herrn Werner Hennig, der mit seinem Können in Sachen Fotografie für diese Arbeit essentielle Bilder auf Papier gebannt hat und immer hilfsbereit zur Seite stand, auch wenn die Dinge zunächst noch so unrealisierbar schienen. Stellvertretend für die Hilfe, die ich von Seiten unserer Technik und Werkstatt erfahren habe, möchte ich mich bei Herrn Yalcin Yarimca und Herrn Manfred Frank bedanken.

Ausdrücklich erwähnen möchte ich meine Teamkollegen Herrn Dipl.-Ing. Gerald Heckeler und Herrn Dipl.-Ing. Armin Strauch. Ungeachtet der Tageszeit und der Umfänge der Aufgaben haben sie mich bei mancher Ausarbeitung und Foliengestaltung nach allen Kräften unterstützt. Vor allem das gute und heitere Klima der Zusammenarbeit hat mir geholfen so manche Hürde zu nehmen.

Neben all dieser Unterstützung, die ich erfahren durfte, war es vor allem der Rückhalt meiner Familie, der es mir ermöglicht hat, diese Arbeit fertigzustellen. Der Dank, der meiner Frau Christa und meiner Tochter Nadine an dieser Stelle gebührt, kann das aufgebrachte Verständnis, ihre Mithilfe und den geleisteten Verzicht kaum wettmachen. Dank allein kann auch nur einen kleinen Teil des Beistands und der Förderung aufwiegen, die mir meine Eltern Ursula und Manfred Kern zuteil werden ließen.

Widmen möchte ich diese Arbeit meinem vor eineinhalb Jahren verstorbenen Vater, dem es leider nicht mehr vergönnt war den Abschluß meiner Arbeit mitzuerleben.

Filderstadt im Juni 1999   Markus Kern